装配式建筑施工技术

李宏图　著

黄河水利出版社
·郑 州·

图书在版编目(CIP)数据

装配式建筑施工技术/李宏图著. —郑州:黄河水利
出版社,2022.3
ISBN 978-7-5509-3247-0

Ⅰ.①装… Ⅱ.①李… Ⅲ.①装配式构件-建筑施工
Ⅳ.①TU3

中国版本图书馆 CIP 数据核字(2022)第 045319 号

审稿编辑:席红兵　14959393@qq.com

出 版 社:黄河水利出版社　　　　　　　　　　网址:www. yrcp.com
　　　　地址:河南省郑州市顺河路黄委会综合楼 14 层　邮政编码:450003
发行单位:黄河水利出版社
　　　　发行部电话:0371-66026940、66020550、66028024、66022620(传真)
　　　　E-mail:hhslcbs@163.com
承印单位:河南新华印刷集团有限公司
开本:787 mm×1 092 mm　1/16
印张:8.5
字数:200 千字　　　　　　　　　　　　　　　印数:1—1 000
版次:2022 年 3 月第 1 版　　　　　　　　　　印次:2022 年 3 月第 1 次印刷

定价:58.00 元

前　言

在我国现阶段，建筑行业仍然是一个劳动密集型、建造方式相对落后的传统产业。传统的房屋建造以现场浇筑施工为主，即把各种建筑材料、半成品运送到施工现场，通过各工种分工协作和大量的湿作业来建造房屋。生产过程中，高能耗、高污染、低效率、粗放的传统建造模式还具有普遍性，与当前的新型城镇化、工业化、信息化发展要求不相适应，与发达国家相比差距较大。

传统的现浇施工模式已经满足不了新形势对建筑行业转型升级的要求。装配式建筑作为一种新型的建筑形式，具有很多明显的优点，如缩短施工周期、保证住宅质量、节约能源、绿色低碳等。采用工业化的方式生产建筑，其主要构件、部品等在工厂生产加工，通过运输工具运送到工地现场，并在工地现场拼装建造房屋。装配式建筑可实现房屋建设的高效率、高品质、低资源消耗和低环境影响，它彻底打破了新的形势与当下施工方式矛盾的局面，是建筑行业的一次巨大改革，既可以解决施工过程中存在的问题，还可以实现施工品质与效益的全面发展。

建筑工业化与传统建筑模式比较

项目	传统建筑模式	建筑工业化
质量与安全	现场施工限制了工程质量；露天作业、高空作业等增大了安全隐患	工厂生产和机械化安装提高了产品质量，降低了安全隐患
施工工期	工期长，受自然因素影响大，各专业施工常常不能交叉进行；主体封顶后仍有大量作业	构件提前发包，现场模板和现浇湿作业少；项目各楼层之间并行施工；构件的保温及装饰可在工厂一体集成，现场只需吊装
劳动生产率	现场湿作业，生产效率低	住宅构件和部品在工厂生产，现场施工机械化程度高、劳动生产效率高
施工人员	人数多，专业性低；人员流动性大，管理难度大	人员固定、数量少、技能强、机械化程度高，管理难度小
建筑环境污染	建筑垃圾多，扬尘、噪声和光污染严重	工厂生产，大大减少噪声和扬尘，建筑垃圾回收率提高
建筑品质	很大程度上受限于现场施工人员的技术水平和管理人员的管理能力	构件由工厂生产，多道检验，严格按图施工生产，生产条件可控、产品质量有保证、工艺先进、建筑品质高
建筑形式多样性	受限于模板架设能力和施工技术水平	工厂预制，钢模可预先定制，构件造型灵活多样，现场机械吊装，可多种结构形式组合成型

目　录

第一章 装配式建筑的概述

第一节 装配式建筑的概念、特点与分类

一、装配式建筑的概念

《国务院办公厅关于大力发展装配式建筑的指导意见》(国办发〔2016〕71号)对装配式建筑进行了定义:装配式建筑是用预制部品部件在工地装配而成的建筑。

按照《装配式混凝土建筑技术标准》(GB/T 51231—2016)的定义,装配式建筑(assembled building)是指结构系统、外围护系统、设备与管线系统、内装系统的主要部分采用预制部品部件集成的建筑。

建筑物组成见图1-1。

图1-1 建筑物组成

通俗地讲,装配式建筑就是在现代化的工厂,先预制好外墙、内墙、楼梯、阳台、飘窗等建筑组成部分(部品部件),然后运输到工地现场,经过快速组装之后,就成为装配式建筑。

装配式住宅和传统现浇住宅的不同之处在于,其部分或全部构件是预制的,但运输到施工现场后它也要像传统住宅一样进行浇筑,并不是大家想象中的"搭积木"。因此,装配式住宅建成后,其外观和传统住宅并没有什么不同。

二、装配式建筑的特征

装配式建造模式采用标准化设计、工厂化生产、装配化施工,把传统建造方式中大量的现场作业转移到工厂进行,是一种可实现建筑产品节能、环保、全生命周期价值最大化的可持续发展的新型建筑生产方式。装配式建筑的主要特征如表1-1所示。

表 1-1　装配式建筑的主要特征

特征	简述
系统性和集成性	设计、生产、建造过程是各专业的集合,需要科研、设计、开发、生产、施工等各方面的人力、物力协同推进,才能完成装配式建筑的建造
设计标准化,组合多样化	对于通用装配式构件,根据构件共性条件,制定统一的标准和模式。同时,设计过程中可以兼顾城市的历史文脉、发展环境、用户习惯等因素,在标准化设计中融入个性化要求并进行多样化组合,丰富装配式建筑类型
生产工厂化	构件在工厂生产,模具成型、蒸汽养护等工序的机械化程度较高,生产效率高。同时,由于生产工厂化,材料和工艺等容易掌控,构件质量得到了很好的保证
施工装配化,装修一体化	施工可以多道工序同步一体化完成,构件运至现场后按预先设定的施工顺序完成一层结构构件吊装之后,在不停止后续楼层结构构件吊装施工的同时,可以进行下层的水电装修施工,逐层递进

三、装配式建筑的分类

从结构来说,装配式建筑可以分为装配式混凝土结构(Precast Concrete,简称 PC)建筑、装配式钢结构建筑和装配式木竹结构建筑。而这其中装配式混凝土结构建筑由于其优异的特性,更容易被人接受,也是装配式建筑的主要形式。装配式结构体系如图 1-2 所示。

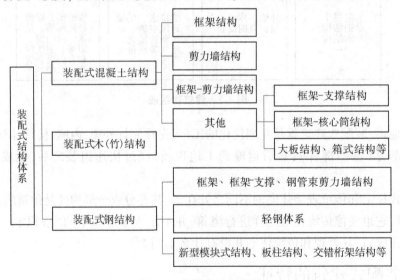

图 1-2　装配式结构体系

(一) 装配式预制混凝土结构

装配式预制混凝土是指在工厂中标准化加工生产的混凝土制品。它具有结构性能好、产品质量高、施工速度快等特点,适用于各类工业化建筑,具有良好的灵活性和适用性,主要包括预制 PC 墙板、折叠楼板、楼梯和叠合梁等产品。由于与传统应用较广的现浇混凝土结构一脉相承,因此也是目前装配式建筑三大结构体系中推广最顺利、覆盖范围最大的一种。从住房和城乡建设部认定的首批 64 个装配式建筑示范项目来看,混凝土结构占比最大,达 64%,共 41 项(钢结构 19 项、木结构 4 项)。与预制钢结构相比,预制混凝土装配式建筑虽然占据成本优势,但难以满足抗风、抗震及超高度、跨度等设计要求。

装配式混凝土建筑如图 1-3 所示。

图 1-3　装配式混凝土建筑(沈阳丽水新城,是我国最早的一批装配式建筑)

(二)装配式钢结构

装配式钢结构是由钢制材料组成的结构,主要由型钢和钢板等制成的钢梁、钢柱、钢桁架等构件组成,各构件或部件之间通常采用焊缝、螺栓或铆钉连接。具有抗震性良好的特点,广泛应用于大型厂房、场馆、超高层等领域。根据工艺和用途不同,钢结构行业又可分为轻型钢结构、空间大跨度钢结构和重型钢结构三个子行业。钢结构产品种类、特点及适用范围、代表建筑如表 1-2 所示。装配式钢结构建筑如图 1-4 所示。

表 1-2　钢结构产品种类、特点及适用范围、代表建筑

种类	特点及适用范围	代表建筑
重型钢结构	高层、超高层建筑	上海环球金融中心、北京国贸中心三期、央视新大楼
空间大跨度钢结构	网架、网壳结构,用于机库、候机楼、体育馆、展览中心、大剧院、博物馆等	鸟巢、春茧、小蛮腰、上海世博会会场等
轻型钢结构	门式钢架、拱形波纹钢屋盖资料来源:中信证券研究部等,用于厂房、仓库、交易市场、活动房屋等	高新技术厂房、仓储等场景

图 1-4　装配式钢结构建筑(北京鸟巢)

(三)装配式木结构

装配式木结构以木材为主要受力体系。由于木材本身具有抗震、隔热保温、节能、隔音、舒适性等优点,加之经济性和材料的随处可取,在国外特别是美国,木结构是一种常见并被广泛采用的建筑形式。然而,由于我国人口众多,房屋需求量大,人均森林资源和木材储备稀缺,木结构并不适合我国的建筑发展需要。此外,我国《木结构设计规范》明确规定木结构建筑层数不能超过3层,并且对最大长度和面积做出了限制。近年来出现的木结构大多为低密度高档次的木结构别墅,主要是为了迎合一定层面的消费者对木材这种传统天然建材的偏爱,行业整体体量较小。

混凝土结构、钢结构和木结构的结构特征如表 1-3 所示。装配式木结构建筑如图 1-5 所示。

表 1-3　混凝土结构、钢结构和木结构的结构特征

结构特征	混凝土结构	钢结构	木结构
工业化程度	高	最高	高
生态环保性能	较好(主材为二次加工材料)	次之(主材为一次加工材料)	最好(主材为原材料)
工期	较短	最短(300 m² 精装约 60 天)	较短
抗压强度	最高	较高	略低于超轻钢结构
导热系数(冷热传感)	较小	最大(采用保温、断桥解决)	最小
主材自身防火性能	好	较差(通过防火材料包裹解决)	差(通过防火材料包裹解决)
主材自身防腐性能	好	较好	差
主材自身防虫性能	较好	最好	差(主要威胁来自白蚁)
结构抗震性能	一般(7 度)	很好(9 度)	很好(9 度)
结构隔音性能	好	较好(通过多层复合墙解决)	较好(通过多层复合墙解决)
结构主材资源	丰富	丰富	缺少
建造成本	较低	次之	最高
适应建筑类型	别墅、多层、小高层	高层、超高层、抗震要求高的建筑	三层及以下建筑(豪华别墅)

图 1-5 装配式木结构建筑

[温哥华不列颠哥伦比亚大学(UBC)的学生宿舍楼,是世界上
最高的木结构建筑。这栋建筑高 53 m,可容纳 404 名学生]

第二节 装配式建筑国内外发展历程

一、装配式建筑国外发展历程

装配式结构是建筑工业化的一种结构形式,萌芽于 20 世纪初期,在第二次世界大战后,英国工程师 John Alexander Brodie 提出了装配式公寓设想。建筑工业化及装配式建筑,兴起于欧洲,而后逐步被推广到美国、加拿大、日本、新加坡及中国,在 20 世纪末,装配式结构被广泛应用于工业与民用建筑、桥梁、水工建筑等不同结构领域。1903 年采用 PC 模式建造的房子如图 1-6 所示。

美国装配式建筑盛行于 20 世纪 70 年代。1976 年,美国国会通过了国家工业化住宅建造及安全法案,同年出台一系列严格的行业规范标准,一直沿用至今。除注重质量,现在的装配式住宅更加注重美观、舒适性及个性化。美国的帝国大厦如图 1-7 所示。

图 1-6 1903 年采用 PC 模式建造的房子

图 1-7 美国的帝国大厦
(使用 PC 楼板和 PC 幕墙等)

瑞典开发了大型混凝土预制板的工业化体系,大力发展以通用部件为基础的通用体系。有人曾说:瑞典也许是世界上工业化住宅最发达的国家,他们的住宅预制构件达到了 95%之多。瑞典大型预制板+通用部件建筑如图 1-8 所示。

图1-8 瑞典大型预制板+通用部件建筑

日本于1968年就提出了装配式建筑的概念。日本借鉴了欧美的成功经验,在探索装配式建筑的标准化设计、施工的基础上,结合自身要求,在预制结构体系整体性抗震和隔震设计方面取得了突破性进展。同时,日本的装配式混凝土建筑体系设计、制作和施工的标准规范也很完善。1990年推出采用部件化、工业化生产方式、高生产效率、建筑内部结构可变、适应用户多种不同需求的中高层住宅生产体系。

新加坡是世界上公认的住宅问题解决较好的国家,其住宅多采用建筑工业化技术加以建造,其中,住宅政策及装配式住宅发展理念促使其工业化建造方式得到广泛推广。新加坡开发出15~30层的单元化装配式住宅,占全国住宅总量的80%以上。

二、装配式建筑国内发展历程

我国建筑业工业化历程大致可分为四个阶段:建筑工业化最早期、建筑工业化起伏期、建筑工业化提升期、建筑工业化快速发展期。

在20世纪50年代建筑工业化最早期阶段,我国开始学习苏联的多层砖混经验。1950~1975年,我国全面学习苏联,包括各式建筑设计规范全部译自俄文。其间国务院印发了《关于加强和发展建筑工业的决定》,强调建筑业必须积极地往"设计标准化、构件生产工业化、施工机械化"方向发展。在国家推动下,一度几乎所有的建筑都有"预制装配元素"。

1976~1995年,我国建筑工业化步入了20年漫长的起伏期,经历了停滞、发展、再停滞的波折发展。1976年唐山大地震,震后调查表明,按照当时规范而建造的预制装配式建筑抗震性能差,倒塌严重。震后全国划分了抗震烈度区,颁布了新的建筑抗震设计规范,现浇板成为主流;随后,提出了"四化、三改、两加强",建筑工业化迎来一轮高峰,标准化设计体系快速建立,大批大板建筑、砌块建筑纷纷落地。20世纪80年代末,因防水、冷桥、隔音等一系列问题的出现,加之现浇混凝土机械化的出现,装配式建筑的发展再次骤然止步。

1996~2015年,我国建筑工业化进入了发展提升期。1999年发布了《关于推进住宅产业现代化提高住宅质量的若干意见》,明确了住宅产业现代化的发展目标、任务、措施等。2013年,住房和城乡建设部印发的《"十二五"绿色建筑和绿色生态区域发展规划》,首次明确提出我国要加快形成装配式混凝土、钢结构等工业化建筑体系。但住房的商品化、多样化要求,大量廉价劳动力进城就业等因素致使现浇体系大规模发展,此阶段装配式建筑占比依旧较低,发展缓慢。

从 2016 年开始,我国建筑工业化步入快速发展期。"十三五"以来,国务院发布了《关于进一步加强城市规划建设管理工作的若干意见》后,装配式建筑市场规模呈显著的加速发展态势,我国建筑工业化正式步入快速发展期。2016 年 9 月 30 日,《国务院办公厅关于大力发展装配式建筑的指导意见》出台后,全国 31 个省(自治区、直辖市)均出台了推进装配式建筑发展的相关政策文件。2016~2019 年,31 个省(自治区、直辖市)出台装配式建筑相关政策文件的数量分别为 33 个、157 个、235 个、261 个,不断完善配套政策和细化落实措施。特别是各项经济激励政策和技术标准为推动装配式建筑发展提供了制度保障和技术支撑。

据统计,2019 年全国新开工装配式建筑 4.2 亿 m^2,较 2018 年增长 45%,占新建建筑面积的比例约为 13.4%。从结构形式看,依然以装配式混凝土结构为主,在装配式混凝土住宅建筑中以剪力墙结构为主。2019 年,新开工装配式混凝土结构建筑 2.7 亿 m^2,占新开工装配式建筑的比例为 65.4%;钢结构建筑 1.3 亿 m^2,占新开工装配式建筑的比例为 30.4%;木结构建筑 242 万 m^2;其他混合结构装配式建筑 1 512 万 m^2。

2016~2019 年全国装配式建筑新开工建筑面积如图 1-9 所示、深圳首个装配式保障房(裕璟幸福家园)如图 1-10 所示、新兴工业园服务中心酒店办公楼项目(西南地区首个装配式公共建筑)如图 1-11 所示。

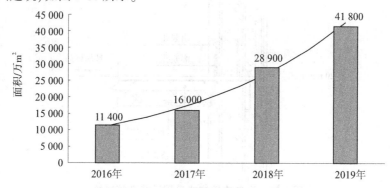

图 1-9　2016~2019 年全国装配式建筑新开工建筑面积

图 1-10　深圳首个装配式保障房
(裕璟幸福家园)

图 1-11　新兴工业园服务中心酒店办公楼项目
(西南地区首个装配式公共建筑)

第三节　装配式混凝土建筑结构体系

一、装配整体式混凝土建筑和全装配式混凝土建筑的区别

装配式混凝土建筑是指以工厂化生产的钢筋混凝土预制构件为主,通过现场装配的方式设计建造的混凝土结构类建筑。装配式混凝土建筑根据预制构件连接方式的不同,分为装配整体式混凝土建筑和全装配式混凝土建筑。

装配整体式混凝土结构是指由预制混凝土构件通过可靠的连接方式进行连接并与现场后浇混凝土、水泥基灌浆料形成整体的装配式混凝土结构,简称装配整体式结构。简言之,装配整体式混凝土结构的连接以“湿连接”为主要方式。装配整体式混凝土结构具有较好的整体性和抗震性。目前,大多数多层和全部高层装配式混凝土建筑都是装配整体式,有抗震要求的低层装配式建筑也多是装配整体式结构。竖向连接方式采用灌浆套筒连接,如图1-12所示。

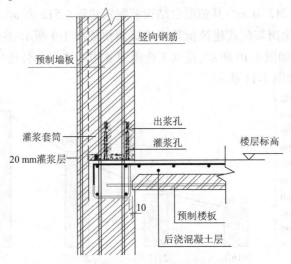

图1-12　竖向连接方式采用灌浆套筒连接

全装配式混凝土结构是指预制混凝土构件靠干法连接。常见的干法连接方式主要有牛腿连接、螺栓连接(见图1-14)或焊接。全装配式混凝土建筑整体性和抗侧向作用的能力较差,不适用于高层建筑。但它具有构件制作简单、安装便捷、工期短、成本低等优点。

图1-13　装配整体式混凝土结构的“湿连接”

图1-14　装配式框架结构中螺栓连接

二、装配式混凝土建筑结构体系

(一)常见的结构体系类型

装配式混凝土建筑的结构体系与现浇结构类似,我国现行规范按照结构体系将装配式混凝土结构分为装配整体式框架结构(见图 1-15)、装配整体式剪力墙结构(见图 1-16)、装配整体式框架-现浇剪力墙结构(见图 1-17)、装配整体式框架-现浇核心筒结构(见图 1-18)、装配整体式部分框支剪力墙结构(见图 1-19)、各类装配整体式混凝土结构体系的特点及适用建筑类型如表 1-4 所示。

图 1-15 装配整体式框架结构

图 1-16 装配整体式剪力墙结构　图 1-17 装配整体式框架-现浇剪力墙结构

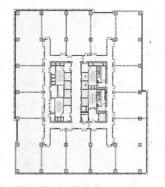

图 1-18 装配整体式框架-现浇核心筒结构(框筒结构平面布置)

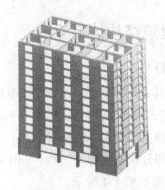

图 1-19　装配整体式部分框支剪力墙结构

表 1-4　各类装配整体式混凝土结构体系的特点及适用建筑类型

结构类型	定义	结构特点	预制构件种类	竖向连接工艺	适用建筑类型	
					适用高度	适用范围
框架结构	全部或者部分的框架梁、柱及其他构件在预制构件厂制作后,运输至现场进行安装,再进行节点区及其他构件后浇筑混凝土	平面布置灵活,装配效率高,是最适合进行装配化的结构形式,但其适用高度较低	预制柱、预制梁、预制外挂墙板、预制阳台、预制楼梯等	灌浆套筒连接、约束浆锚连接	适用于低层、多层及小高层建筑	厂房、仓库、商场、停车场、办公楼、教学楼、医务楼、商务楼及住宅等
剪力墙结构	全部或者部分的预制剪力墙板在预制构件厂制作好后,运输至现场进行安装,再进行节点区及其他构件后浇筑混凝土。一般与桁架钢筋混凝土叠合板配合使用	无梁柱外露,结构自重大,建筑平面布置局限性大,较难获得大的建筑空间	预制实心剪力墙、预制阳台、预制楼梯、预制叠合板等	灌浆套筒连接、约束浆锚连接	适用于小高层、高层及超高层建筑	住宅、公寓、宿舍、酒店等
框架-现浇剪力墙结构	柱、梁和剪力墙共同承受竖向和水平作用的结构。其中框架梁柱采用预制,剪力墙采用现浇	弥补了框架结构侧向位移大的缺点,又不失框架结构空间布置灵活的优点	预制柱、预制梁、预制实心剪力墙、预制阳台、预制楼梯等	灌浆套筒连接、约束浆锚连接	适用于小高层、高层及超高层建筑	厂房、仓库、商场、停车场、办公楼、教学楼、医务楼、商务楼及住宅等

续表 1-4

结构类型	定义	结构特点	预制构件种类	竖向连接工艺	适用建筑类型	
					适用高度	适用范围
框架-现浇核心筒结构	筒体结构是将剪力墙或密柱框架集中到房屋的内部和外围而形成的空间封闭式的筒体	比框架结构、剪力墙结构、框架-剪力墙结构具有更高的强度和刚度,可适用于更高的建筑	预制柱、预制梁、预制实心剪力墙、预制阳台、预制楼梯等	灌浆套筒连接、约束浆锚连接	适用于高层及超高层建筑	厂房、仓库、商场、停车场、办公楼、教学楼、医务楼、商务楼及住宅等
部分框支剪力墙结构	由于剪力墙结构的平面局限性,有时将墙的下部做成框架,形成框支剪力墙,框支层空间加大,扩大了使用功能。将底部一层或多层做成部分框支剪力墙和部分落地剪力墙的结构。转换层以上的全部或部分剪力墙采用预制墙板,转换层以下的框架部分一般为现浇	相对于剪力墙结构,框支层空间加大,扩大了使用功能	预制实心剪力墙、预制阳台、预制楼梯、预制叠合板等	灌浆套筒连接、约束浆锚连接	适用于小高层、高层及超高层建筑	底部带商业(大空间)的公寓、住宅、旅店等

(二)装配整体式混凝土结构房屋的最大适用高度

房屋最大适用高度应满足表 1-5 要求,并应符合下列规定:

(1)当结构中竖向构件全部为现浇且楼盖采用叠合梁板时,房屋的最大适用高度可按现行行业标准《高层建筑混凝土结构技术规程》(JGJ 3)中的规定采用。

(2)装配整体式剪力墙结构和装配整体式部分框支剪力墙结构,在规定的水平力作用下,当预制剪力墙构件底部承担的总剪力大于该层总剪力的 50%时,其最大适用高度应适当降低;当预制剪力墙构件底部承担的总剪力大于该层总剪力的 80%时,其最大适用高度应取表 1-5 中括号内的数值。

(3)装配整体式剪力墙结构和装配整体式部分框支剪力墙结构,当剪力墙边缘构件竖向钢筋采用浆锚搭接连接时,房屋最大适用高度应比表 1-5 中数值降低 10 m。

(4)超过表 1-5 内高度的房屋,应进行专门研究和论证,采取有效的加强措施。

· 11 ·

表 1-5　装配整体式混凝土结构房屋的最大适用高度　　　　　单位:m

结构类型	抗震设防烈度			
	VI	VII	VIII(0.2g)	VIII(0.3g)
框架结构	60	50	40	30
框架-现浇剪力墙结构	130	120	100	80
框架-现浇核心筒结构	150	130	100	90
剪力墙结构	130(120)	110(100)	90(80)	70(60)
部分框支剪力墙结构	110(100)	90(80)	70(60)	40(30)

注:(1)房屋高度指室外地面到主要屋面的高度,不包括局部突出屋顶的部分。

(2)部分框支剪力墙结构指地面以上有部分框支剪力墙的剪力墙结构,不包括仅个别框支墙的情况。

总体来说,装配式混凝土结构应采取措施保证结构的整体性。其目的是保证结构在偶然作用发生时具有适宜的抗连续倒塌能力。高层建筑装配整体式混凝土结构应符合以下要求:

(1)当设置地下室时,宜采用现浇混凝土。

(2)剪力墙结构和部分框支剪力墙结构底部加强部位宜采用现浇混凝土。

(3)框架结构的首层柱宜采用现浇混凝土。

(4)当底部加强部位的剪力墙、框架结构的首层柱采用预制混凝土时,应采取可靠技术措施。

(三)装配整体式混凝土结构设计

(1)高层装配整体式结构的高宽比不宜超过表 1-6 的数值。

表 1-6　高层装配整体式结构适用的最大高宽比

结构类型	非抗震设计	抗震设防烈度	
		VI、VII	VIII
装配整体式框架结构	5	4	3
装配整体式框架-现浇剪力墙结构	6	6	5
装配整体式剪力墙结构	6	6	5

(2)装配整体式结构构件的抗震设计,应根据设防类别、烈度、结构类型和房屋高度采用不同的抗震等级,并应符合相应的计算和构造措施要求。丙类装配整体式结构的抗震等级应按表 1-7 确定。

表 1-7　丙类装配整体式结构的抗震等级

结构类型		抗震设防烈度					
		VI		VII		VIII	
	高度/m	≤24	>24	≤24	>24	≤24	>24
装配整体式框架结构	框架	四	三	三	二	二	一
	大跨度框架	三		二		一	

续表 1-7

结构类型		抗震设防烈度							
		VI		VII			VIII		
装配整体式框架-现浇剪力墙结构	高度/m	≤60	>60	≤24	>24且≤60	>60	≤24	>24且≤60	>60
	框架	四	三	四	三	二	三	二	一
	剪力墙	三	三	三	二	二	二	一	
装配整体式剪力墙结构	高度/m	≤70	>70	≤24	>24且≤70	>70	≤24	>24且≤70	>70
	剪力墙	四	三	四	三	二	三	二	一
装配整体式部分框架支剪力墙结构	高度/m	≤70	>70	≤24	>24且≤70	>70	≤24	>24且≤70	>70
	现浇框支框架	二	二	二	二	一	一		
	底部加强部位剪力墙	三	三	三	三	二	二		
	其他区域剪力墙	四	三	四	三	二	三	二	

注:大跨度框架指跨度不小于 18 m 的框架。

（3）乙类装配整体式结构应按本地区抗震设防烈度提高 1 度的要求加强其抗震措施；当本地区抗震设防烈度为Ⅷ且抗震等级为一级时，应采取比一级更高的抗震措施；当建筑场地为Ⅰ类时，仍可按本地区抗震设防烈度的要求采取抗震构造措施。

（4）装配式结构的平面布置宜符合下列规定：

①平面形状宜简单、规则、对称，质量、刚度分布宜均匀；不应采用严重不规则的平面布置。

②平面长度不宜过长（见图 1-20），长宽比（L/B）宜按表 1-8 采用。

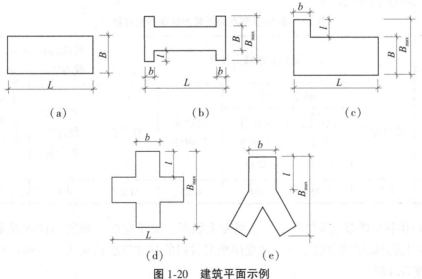

（a）　　　　　　　（b）　　　　　　　（c）

（d）　　　　　　　（e）

图 1-20　建筑平面示例

· 13 ·

③平面突出部分的长度 l 不宜过大、宽度 b 不宜过小(见图 1-20),l/B_{max}、l/b 宜按表 1-8 采用;

表 1-8　平面尺寸及突出部位尺寸的比值限值

抗震设防烈度	L/B	l/B_{max}	l/b
Ⅵ、Ⅶ	≤6.0	≤0.35	≤2.0
Ⅷ	≤5.0	≤0.30	≤1.5

④平面不宜采用角部重叠或细腰形平面布置。

(5)装配式结构竖向布置应连续、均匀,应避免抗侧力结构的侧向刚度和承载力沿竖向突变,并应符合现行国家标准《建筑抗震设计规范》(GB 50011)的有关规定。

(6)抗震设计的高层装配整体式结构,当其房屋高度、规则性、结构类型等超过规定或者抗震设防标准有特殊要求时,可按现行行业标准《高层建筑混凝土结构技术规程》(JGJ 3)的有关规定进行结构抗震性能设计。

(7)带转换层的装配整体式结构应符合下列规定:

①当采用部分框支剪力墙结构时,底部框支层不宜超过 2 层,且框支层及相邻上一层应采用现浇结构。

②部分框支剪力墙以外的结构中,转换梁、转换柱宜现浇。

(8)装配式结构构件及节点应进行承载能力极限状态及正常使用极限状态设计,并应符合现行国家标准《混凝土结构设计规范》(GB 50010)、《建筑抗震设计规范》(GB 50011)和《混凝土结构工程施工规范》(GB 50666)等的有关规定。

(9)抗震设计时,构件及节点的承载力抗震调整系数 γ_{RE} 应按表 1-9 采用;当仅考虑竖向地震作用组合时,承载力抗震调整系数 γ_{RE} 应取 1.0。预埋件锚筋截面计算的承载力抗震调整系数 γ_{RE} 应取 1.0。

表 1-9　构件及节点的承载力抗震调整系数 γ_{RE}

结构构件类别	正截面承载力计算					斜截面承载力计算	受冲切承载力计算、接缝受剪承载力计算
	受弯构件	偏心受压柱		偏心受拉构件	剪力墙	各类构件及框架节点	
		轴压比小于0.15	轴压比不小于0.15				
γ_{RE}	0.75	0.75	0.8	0.85	0.85	0.85	0.85

(10)预制构件节点及接缝处后浇混凝土强度等级不应低于预制构件的混凝土强度等级;多层剪力墙结构中墙板水平接缝用坐浆材料的强度等级值应大于被连接构件的混凝土强度等级值。

(11)预埋件和连接件等外露金属件应按不同环境类别进行封闭或防腐、防锈、防火处理,并应符合耐久性要求。

三、材料要求

(一)混凝土、钢筋和钢材

(1)混凝土、钢筋和钢材的力学性能指标和耐久性要求等应符合现行国家标准《混凝土结构设计规范》(GB 50010)和《钢结构设计规范》(GB 50017)的规定。

(2)预制构件的混凝土强度等级不宜低于C30;预应力混凝土预制构件的混凝土强度等级不宜低于C40,且不应低于C30;现浇混凝土的强度等级不应低于C25。用于现场后浇的混凝土强度等级应比预制构件的混凝土强度等级提高二级。

(3)钢筋的选用应符合现行国家标准《混凝土结构设计规范》(GB 50010)的规定。普通钢筋采用套筒灌浆连接和浆锚搭接连接时,钢筋应采用热轧带肋钢筋。

纵向受力钢筋宜选用符合抗震性能指标的HRB400级热轧钢筋,也可采用符合抗震性能指标的HB335级热轧钢筋;箍筋宜选用符合抗震性能指标的HRB335、HRB400级热轧钢筋。

(4)钢筋焊接网应符合现行行业标准《钢筋焊接网混凝土结构技术规程》(JGJ 114)的规定。

(5)预制构件的吊环应采用未经冷加工的HPB300级钢筋制作。吊装用内埋式螺母或吊杆的材料应符合国家现行相关标准的规定。

(二)连接材料

(1)钢筋套筒灌浆连接接头采用的套筒应符合现行行业标准《钢筋连接用灌浆套筒》(JG/T 398)的规定。

套筒采用铸造工艺制造时,宜选用球墨铸铁;套筒采用机械加工工艺制造时,宜选用优质碳素结构钢、低合金高强度结构钢、合金结构钢或其他经过型式检验确定符合要求的钢材。

(2)钢筋套筒灌浆连接接头采用的灌浆料应符合现行行业标准《钢筋连接用套筒灌浆料》(JG/T 408)的规定。

灌浆料中的水泥宜采用硅酸盐水泥、普通硅酸盐水泥,并应符合GB 175的规定,硫铝酸盐水泥应符合GB 20472的规定。细骨料宜采用天然砂,天然砂应符合GB/T 14684的规定,最大粒径不应超过2.36 mm。混凝土外加剂应符合GB 8076、GB/T 23439和JG/T 223的规定。

常温型套筒灌浆料使用时,施工及养护过程中24 h内灌浆部位所处的环境温度不应低于5 ℃,低温型套筒灌浆料使用时,施工及养护过程中24 h内灌浆部位所处的环境温度不应低于−5 ℃且不宜超过10 ℃。

(3)钢筋浆锚搭接连接接头应采用水泥基灌浆料,灌浆料的性能应满足表1-10的要求。

表 1-10　钢筋浆锚搭接连接接头用灌浆料性能要求

项目		性能指标	试验方法标准
泌水率/%		0	《普通混凝土拌合物性能试验方法标准》（GB/T 50080）
流动度/mm	初始值	≥200	《水泥基灌浆材料应用技术规范》（GB/T 50448）
	30 min 保留值	≥150	
竖向膨胀率/%	3 h	≥0.02	《水泥基灌浆材料应用技术规范》（GB/T 50448）
	24 h 与 3 h 的膨胀率之差	0.02~0.5	
抗压强度/MPa	1 d	≥35	《水泥基灌浆材料应用技术规范》（GB/T 50448）
	3 d	≥55	
	28 d	≥80	
氯离子含量/%		≤0.06	《混凝土外加剂匀质性试验方法》（GB/T 8077）

（4）钢筋锚固板的材料应符合现行行业标准《钢筋锚固板应用技术规程》（JGJ 256）的规定。锚固板应按照不同分类确定其尺寸，且应符合下列要求：

①全锚固板承压面积不应小于钢筋公称面积的 9 倍。

②部分锚固板承压面积不应小于钢筋公称面积的 4.5 倍。

③锚固板厚度不应小于被锚固钢筋直径的 1 倍。

④当采用不等厚或长方形锚固板时，除应满足上述面积和厚度要求外，尚应通过国家、省部级主管部门组织的产品鉴定。

（5）受力预埋件的锚板及锚筋材料应符合现行国家标准《混凝土结构设计规范》（GB 50010）的有关规定。专用预埋件及连接件材料应符合国家现行有关标准的规定。

（6）连接用焊接材料，螺栓、锚栓和铆钉等紧固件的材料应符合国家现行标准《钢结构设计规范》（GB 50017）、《钢结构焊接规范》（GB 50661）和《钢筋焊接及验收规程》（JGJ 18）等的规定。

焊条或焊丝的型号和性能应与相应母材的性能相适应，其熔敷金属的力学性能应符合设计规定，且不应低于相应母材标准的下限值；普通螺栓宜采用 4.6 级或 4.8 级 C 级螺栓，高强度螺栓可选用大六角高强度螺栓或扭剪型高强度螺栓；锚栓可选用 Q235、Q345、Q390 或强度更高的钢材，其质量等级不宜低于 B 级。连接用铆钉应采用 BL2 或 BL3 号钢制成。

（7）夹心外墙板中内外叶墙板的拉结件应符合下列规定：

①金属及非金属材料拉结件均应具有规定的承载力、变形和耐久性能，并应经过试验验证。

②拉结件应满足夹心外墙板的节能设计要求。

第二章　装配式混凝土建筑预制构件

第一节　框架结构的预制柱和预制梁

一、框架结构的预制柱

(一)常见预制柱的种类

预制柱主要应用于装配整体式框架结构建筑,是建筑物中垂直的主结构件,承托它上方物件的质量。竖向采用灌浆套筒灌浆连接,通常与叠合板、叠合梁组合使用,节点处采取现浇混凝土的方式。在装配整体式框架结构建筑中,预制柱按形状分为矩形柱(见图 2-1)、L 形柱、圆形柱、T 形扁柱、带翼缘柱或其他异形柱。

图 2-1　矩形柱

(二)预制柱的构造要求

1.预制柱的基本要求

(1)矩形截面柱边长不宜小于 400 mm,圆形截面柱直径不宜小于 450 mm,且不宜小于同方向梁宽的 1.5 倍。

(2)柱纵向受力钢筋在柱底连接时,柱箍筋加密区长度不应小于纵向受力钢筋连接区域长度与 500 mm 之和;当采用套筒灌浆连接或浆锚搭接连接等方式时,套筒或搭接段上端第一道箍筋距离套筒或搭接段顶部不应大于 50 mm(见图 2-2)。

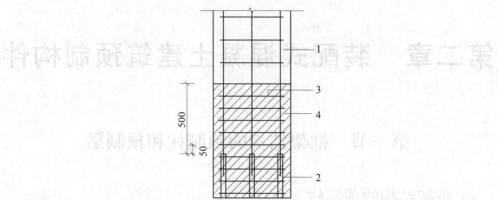

1—预制柱;2—连接接头(或钢筋连接区域);3—加密区箍筋;4—箍筋加密区(为斜线填充区域)

图 2-2　柱底箍筋加密区域构造示意

(3)柱纵向受力钢筋直径不宜小于 20 mm,纵向受力钢筋的间距不宜大于 200 mm 且不应大于 400 mm。柱的纵向受力钢筋可集中于四角配置且宜对称布置。柱中可设置纵向辅助钢筋且直径不宜小于 12 mm 和箍筋直径;当正截面承载力计算不计入纵向辅助钢筋时,纵向辅助钢筋可不伸入框架节点(见图 2-3)。

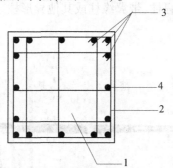

1—预制柱;2—箍筋;3—纵向受力钢筋;4—纵向辅助钢筋;4—预制柱箍筋(可采用连续复合箍筋)

图 2-3　柱集中配筋构造平面示意

2.预制柱与其他构件连接的构造要求

(1)采用预留孔插筋法(见图 2-4)时,预制柱与基础的连接应符合下列规定:

①预留孔长度应大于柱主筋搭接长度。

②预留孔宜选用封底镀锌波纹管,封底应密实,不应漏浆。

③管的内径不应小于柱主筋外切圆直径 10 mm。

④灌浆材料宜用无收缩灌浆料,1 d 龄期的强度不宜低于 25 MPa,28 d 龄期的强度不宜低于 60 MPa。

(2)采用预制柱及叠合梁的装配整体式框架节点,梁纵向受力钢筋应伸入后浇节点区内锚固或连接,并应符合下列规定:

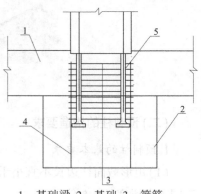

1—基础梁;2—基础;3—箍筋;
4—基础插筋;5—预留孔

图 2-4　预留孔插筋

①对框架中间层中节点,节点两侧的梁下部纵向受力钢筋宜锚固在后浇节点区内[见图2-5(a)],也可采用机械连接或焊接的方式直接连接[见图2-5(b)];梁的上部纵向受力钢筋应贯穿后浇节点区。

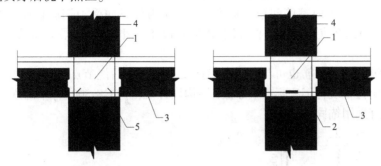

(a)梁下部纵向受力钢筋锚固   (b)梁下部纵向受力钢筋连接

1—后浇区;2—梁下部纵向受力钢筋连接;3—预制梁;4—预制柱;5—梁下部纵向受力钢筋锚固

图2-5　预制柱及叠合梁框架中间层中节点构造示意

②对框架中间层端节点,当柱截面尺寸不满足梁纵向受力钢筋的直线锚固要求时,宜采用锚固板锚固(见图2-6),也可采用90°弯折锚固。

③对框架顶层中节点,梁纵向受力钢筋的构造应符合①的规定。柱纵向受力钢筋宜采用直线锚固;当梁截面尺寸不满足直线锚固要求时,宜采用锚固板锚固(见图2-7)。

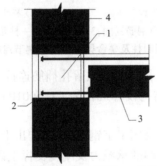

1—后浇区;2—梁纵向受力钢筋锚固;3—预制梁;4—预制柱

图2-6　预制柱及叠合梁框架中间层端节点构造示意

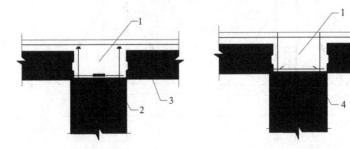

(a)梁下部纵向受力钢筋连接   (b)梁下部纵向受力钢筋锚固

1—后浇区;2—梁下部纵向受力钢筋连接;3—预制梁;4—梁下部纵向受力钢筋锚固

图2-7　预制柱及叠合梁框架顶层中节点构造示意

④对框架顶层端节点,梁下部纵向受力钢筋应锚固在后浇节点区内,且宜采用锚固板的锚固方式;梁、柱其他纵向受力钢筋的锚固应符合下列规定:

柱宜伸出屋面并将柱纵向受力钢筋锚固在伸出段内[见图 2-8(a)],伸出段长度不宜小于 500 mm,伸出段内箍筋间距不应大于 $5d$(d 为柱纵向受力钢筋直径),且不应大于 100 mm;柱纵向钢筋宜采用锚固板锚固,锚固长度不应小于 $40d$;梁上部纵向受力钢筋宜采用锚固板锚固。

柱外侧纵向受力钢筋也可与梁上部纵向受力钢筋在后浇节点区搭接[见图 2-8(b)],其构造要求应符合现行国家标准《混凝土结构设计规范》(GB 50010)中的规定;柱内侧纵向受力钢筋宜采用锚固板锚固。

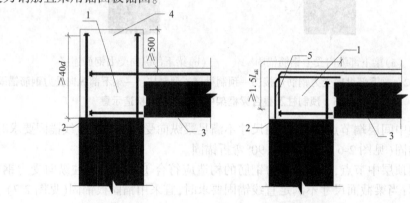

（a）柱向上伸长　　　　　（b）梁柱外侧钢筋搭接

1—后浇区;2—梁下部纵向受力钢筋锚固;3—预制梁;4—柱延伸段;5—梁柱外侧钢筋搭接

图 2-8　预制柱及叠合梁框架顶层端节点构造示意

(3)预制柱之间采用型钢支撑连接或预留孔插筋连接(见图 2-9)时,主筋搭接长度除应符合现行国家标准《混凝土结构设计规范》(GB 50010)的有关规定外,尚应符合下列规定:

①采用型钢支撑连接时,宜采用工字钢,工字钢伸出上段柱下表面的长度应大于柱主筋的搭接长度,且工字钢应有足够的承载力及刚度支撑上段柱的质量。

②采用预留孔连接时,应符合"预制柱与基础采用预留孔插筋法的要求"。

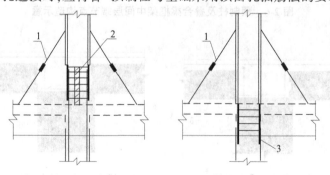

（a）型钢支撑连接　　　　（b）预留孔插筋连接

1—可调斜撑;2—工字钢(承受上柱自重);3—预留孔

图 2-9　柱与柱连接

(4)柱与梁的连接可采用键槽节点（见图2-10）。键槽的U形钢筋直径不应小于12 mm、不宜大于20 mm。键槽内钢绞线弯锚长度不应小于210 mm，U形钢筋的锚固长度应满足现行国家标准《混凝土结构设计规范》(GB 50010)的规定。当预留键槽壁时，壁厚宜取40 mm；当不预留键槽壁时，现场施工时应在键槽位置设置模板，安装键槽部位箍筋和U形钢筋后方可浇筑键槽混凝土。U形钢筋在边节点处钢筋水平长度未伸过柱中心时不得向上弯折。

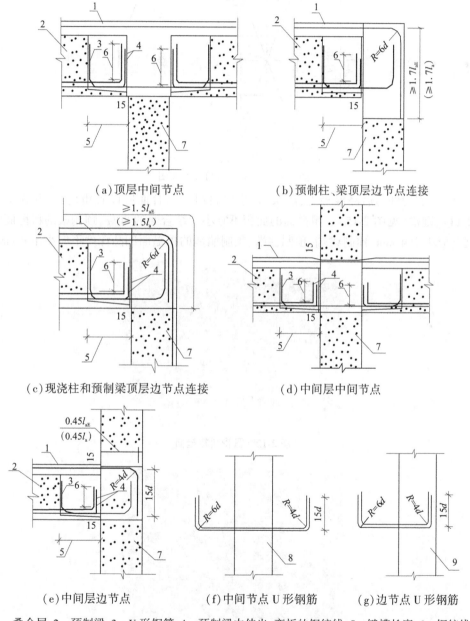

（a）顶层中间节点　　　　　（b）预制柱、梁顶层边节点连接

（c）现浇柱和预制梁顶层边节点连接　　　（d）中间层中间节点

（e）中间层边节点　　　（f）中间节点U形钢筋　　　（g）边节点U形钢筋

1—叠合层；2—预制梁；3—U形钢筋；4—预制梁中伸出、弯折的钢绞线；5—键槽长度；6—钢绞线弯锚长度；7—框架柱；8—中柱；9—边柱；l_{aE}—受拉钢筋抗震锚固长度；l_a—受拉钢筋锚固长度

图2-10　梁柱节点浇筑前钢筋连接构造

（5）预制柱层间连接节点处应增设交叉钢筋,并应与纵筋焊接(见图2-11)。交叉钢筋每侧应设置1片,每根交叉钢筋斜段垂直投影长度可比叠合梁高少40 mm,端部直段长度可取为300 mm。交叉钢筋的强度等级不宜小于HRB335,其直径应按运输、施工阶段的承载力及变形要求计算确定,且不应小于12 mm。

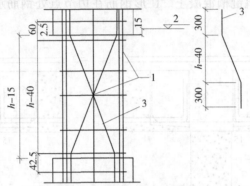

1—焊接;2—楼面板标高;3—交叉钢筋;h—梁高

图2-11　预制柱层间节点详图

（6）预制构件与后浇混凝土、灌浆料、坐浆材料的结合面应设置粗糙面(见图2-12~图2-14)、键槽(见图2-15)。粗糙面的面积不宜小于结合面的80%,预制板的粗糙面凹凸深度不应小于4 mm,预制梁端、预制柱端、预制墙端的粗糙面凹凸深度不应小于6 mm。

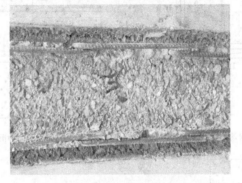

图2-12　露骨料粗糙面

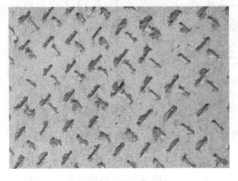

图2-13　刻花粗糙面

图 2-14　拉毛粗糙面

图 2-15　键槽

二、框架结构的预制梁

(一)常见预制梁的种类

梁是结构中的水平构件。主要包括如下种类：

(1)普通梁。普通梁包括矩形梁、凸形梁、T 形梁、带挑耳梁、工字形梁、U 形梁等。

(2)叠合梁(见图 2-16)。预制叠合梁是在装配整体式结构中分两次浇捣混凝土的梁。第一次在预制厂内进行,做成预制梁;第二次在施工现场进行,当预制楼板搁置在预制梁上之后,再浇捣梁上部的混凝土使楼板和梁连接成整体,是装配式建筑中最常用的一种预制梁。

图 2-16　叠合梁

(二)预制梁的构造要求

1.预制梁的基本要求

(1)预制梁的截面边长不应小于 200 mm。预制梁端部应设键槽,键槽中应放置 U 形钢筋,并应通过后浇混凝土实现下部纵向受力钢筋的搭接。预制梁的梁长一般为梁的净跨度加上两端各伸入支座 10~20 mm。当梁长较长或搁置次梁时,也可分段预制,现场拼接。

(2)采用叠合梁时,楼板一般采用叠合板,梁、板的后浇层同时浇筑。叠合梁通常采用矩形截面。叠合梁的叠合层混凝土的厚度不宜小于 100 mm,混凝土强度等级不宜低于 C30。预制梁的箍筋应全部伸入叠合层,且各肢伸入叠合层的直线段长度不宜小于 10d(d 为箍筋直径)。预制梁的顶面应做成凹凸差不小于 6 mm 的粗糙面。

2.预制梁与其他构件连接的构造要求

(1)装配整体式框架结构中,当采用叠合梁时,框架梁的后浇混凝土叠合层厚度不宜小于 150 mm(见图 2-17),次梁的后浇混凝土叠合层厚度不宜小于 120 mm;当采用凹口截面预制梁时[见图 2-17(b)],凹口深度不宜小于 50 mm,凹口边厚度不宜小于 60 mm。

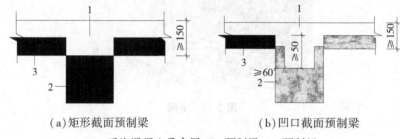

(a)矩形截面预制梁　　　　　(b)凹口截面预制梁

1—后浇混凝土叠合层;2—预制梁;3—预制板

图 2-17　叠合框架梁截面示意

(2)叠合梁的箍筋配置应符合下列规定:

①抗震等级为一、二级的叠合框架梁的梁端箍筋加密区宜采用整体封闭箍筋[见图 2-18(a)]。

②采用组合封闭箍筋的形式[见图 2-18(b)]时,开口箍筋上方应做成 135°弯钩。非抗震设计时,弯钩端头平直段长度不应小于 5d(d 为箍筋直径);抗震设计时,平直段长度不应小于 10d。现场应采用箍筋帽封闭开口箍,箍筋帽末端应做成 135°弯钩。非抗震设计时,弯钩端头平直段长度不应小于 5d;抗震设计时,平直段长度不应小于 10d。

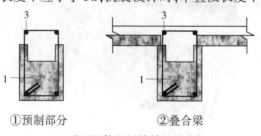

①预制部分　　　　②叠合梁

(a)采用整体封闭箍筋的叠合梁

图 2-18　叠合梁箍筋构造示意

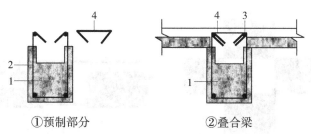

①预制部分　　　　　②叠合梁

（b）采用组合封闭箍筋的叠合梁

1—预制梁;2—开口箍筋;3—上部纵向钢筋;4—箍筋帽

续图2-18

（3）叠合梁可采用对接连接（见图2-19），并应符合下列规定：

①连接处应设置后浇段，后浇段的长度应满足梁下部纵向钢筋连接作业的空间需求。

②梁下部纵向钢筋在后浇段内宜采用机械连接、套筒灌浆连接或焊接连接。

③后浇段内的箍筋应加密，箍筋间距不应大于 $5d$（d 为纵向钢筋直径），且不应大于 100 mm。

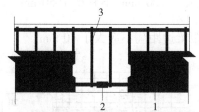

1—预制梁;2—钢筋连接接头;3—后浇段

图2-19　叠合梁连接节点示意

（4）主梁与次梁采用后浇段连接时，应符合下列规定：

①在端部节点处，次梁下部纵向钢筋伸入主梁后浇段内的长度不应小于 $12d$（d 为纵向钢筋直径）。次梁上部纵向钢筋应在主梁后浇段内锚固。当采用弯折锚固[见图2-20 (a)]或锚固板时，锚固直段长度不应小于 $0.6l_{ab}$;当钢筋应力不大于钢筋强度设计值的 50%时，锚固直段长度不应小于 $0.35l_{ab}$;弯折锚固的弯折后直段长度不应小于 $12d$。

②在中间节点处，两侧次梁的下部纵向钢筋伸入主梁后浇段内长度不应小于 $12d$（d 为纵向钢筋直径）;次梁上部纵向钢筋应在现浇层内贯通[见图2-20(b)]。

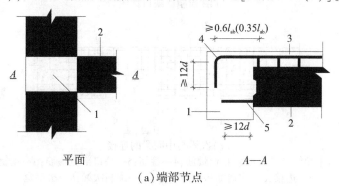

平面　　　　　　　　　A—A

（a）端部节点

图2-20　主次梁连接节点构造示意

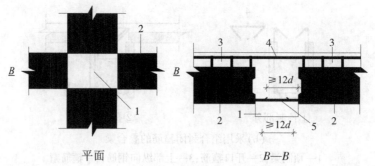

（b）中间节点

1—主梁后浇段；2—次梁；3—后浇混凝土叠合层；4—次梁上部纵向钢筋；5—次梁下部纵向钢筋

续图 2-20

（5）次梁可采用吊筋形式的缺口梁方式与主梁连接（见图 2-21），并应符合下列规定：

①缺口梁端部高度（h_1）不宜小于 50% 的叠合梁截面高度（h），挑出部分长度（a）可取缺口梁端部高度（h_1），缺口拐角处宜做斜角。

②纵筋及腰筋可做成 U 形，从垂直裂缝伸入梁内的延伸长度可取为 1.7 倍钢筋的锚固长度（l_a）。腰筋间距不宜大于 100 mm，不宜小于 50 mm，最上排腰筋与梁顶距离不应小于缺口梁端部高度（h_1）的 1/3。

③箍筋应为封闭箍筋，距梁边距离不应大于 40 mm。

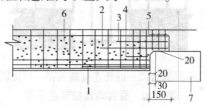

（a）次梁与边梁的连接

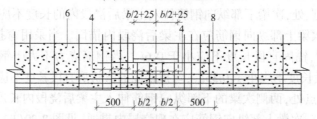

（b）顶制梁缺口详图

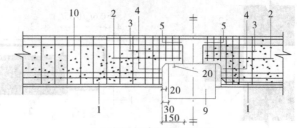

（c）次梁与中间梁的连接

1—水平腰筋；2、3—水平 U 形腰筋；4—箍筋；5—缺口部位箍筋；6—预制梁；
7—边梁；8—构造筋；9—中间梁；10—预制次梁；b—次梁宽

图 2-21　主梁与次梁的连接构造图

（6）预制梁底角部应设置普通钢筋,两侧应设置腰筋(见图 2-22)。预制梁端部应设置保证钢绞线位置的带孔模板;钢绞线的分布宜分散、对称;其混凝土保护层厚度(指钢绞线外边缘至混凝土表面的距离)不应小于 55 mm;下部纵向钢绞线水平方向的净间距不应小于 35 mm 和钢绞线直径;各层钢绞线之间的净间距不应小于 25 mm 和钢绞线直径。梁跨度较小时,可不配置预应力筋。

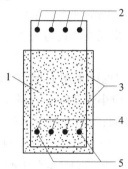

1—预制梁;2—叠合梁上部钢筋;3—腰筋(按设计确定);4—钢绞线;5—普通钢筋

图 2-22　预制梁构造详图

第二节　剪力墙结构的墙板

一、常见剪力墙结构墙板的种类

剪力墙结构的墙板是建筑承载的主体,一般分为剪力墙内墙板和剪力墙外墙板。

剪力墙板按其形状分为标准型墙板(一字形)、T 形墙板、L 形墙板、U 形墙板等;按其构造形式分为实心墙板(见图 2-23)、双面叠合墙板、夹芯保温墙板及预制圆孔墙板等。

图 2-23　实心墙板

二、预制墙板的构造要求

(一)预制墙板的基本要求

（1）抗震设计时,对同一层内既有现浇墙肢也有预制墙肢的装配整体式剪力墙结构,现浇墙肢水平地震作用弯矩、剪力宜乘以不小于 1.1 的增大系数。

（2）装配整体式剪力墙结构的布置应满足下列要求:

①应沿两个方向布置剪力墙。

②剪力墙的截面宜简单、规则;剪力墙门窗洞口宜上下对齐、成列布置,形成明确的墙肢和连梁;抗震等级为一、二、三级的剪力墙底部加强部位不应采用错洞墙,结构全高均不应采用叠合错洞墙。

③抗震设计时,高层装配整体式剪力墙结构不应全部采用短肢剪力墙;抗震设防烈度为Ⅷ时,不宜采用具有较多短肢剪力墙的剪力墙结构。

④抗震设防烈度为Ⅷ时,高层装配整体式剪力墙结构中的电梯井筒宜采用现浇混凝土结构。

(3)预制剪力墙宜采用一字形,也可采用 L 形、T 形或 U 形;开洞预制剪力墙洞口宜居中布置,洞口两侧的墙肢宽度不应小于 200 mm,洞口上方连梁高度不宜小于 250 mm。

(4)预制剪力墙的连梁不宜开洞;当需开洞时,洞口宜预埋套管,洞口上、下截面的有效高度不宜小于梁高的 1/3,且不宜小于 200 mm;被洞口削弱的连梁截面应进行承载力验算,洞口处应配置补强纵向钢筋和箍筋,补强纵向钢筋的直径不应小于 12 mm。

(5)当预制外墙采用夹心墙板时,应满足下列要求:

①外叶墙板厚度不应小于 50 mm,且外叶墙板应与内叶墙板可靠连接。

②夹心外墙板的夹层厚度不宜大于 120 mm。

③当作为承重墙时,内叶墙板应按剪力墙进行设计。

(二)预制墙板与其他构件连接的构造要求

(1)预制剪力墙与基础的连接应符合下列规定:

①基础顶面应设置现浇混凝土圈梁,圈梁上表面应设置粗糙面。

②预制剪力墙的连接钢筋应在基础中可靠锚固,且宜伸入基础底部。

③剪力墙后浇暗柱和竖向接缝内的纵向钢筋应在基础中可靠锚固,且宜伸入基础底部。

(2)预制剪力墙竖向钢筋采用套筒灌浆连接时,自套筒底部至套筒顶部并向上延伸 300 mm 范围内,预制剪力墙的水平分布钢筋应加密(见图 2-24),加密区水平分布钢筋的最大间距及最小直径应符合表 2-1 的规定,套筒上端第一道水平分布钢筋距离套筒顶部不应大于 50 mm。

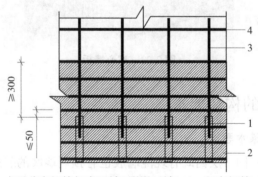

1—灌浆套筒;2—水平分布钢筋加密区域(阴影区域);3—竖向钢筋;4—水平分布钢筋

图 2-24　钢筋套筒灌浆连接部位水平分布钢筋加密构造示意

表 2-1　加密区水平分布钢筋的要求

抗震等级	最大间距/mm	最小直径/mm
一、二级	100	8
三、四级	150	8

（3）预制剪力墙竖向钢筋采用浆锚搭接连接时,应符合下列规定:

①墙体底部预留灌浆孔道直线段长度应大于下层预制剪力墙连接钢筋伸入孔道内的长度 30 mm,孔道上部应根据灌浆要求设置合理弧度。孔道直径不宜小于 40 mm 和 2.5d（d 为伸入孔道的连接钢筋直径）的较大值,孔道之间的水平净间距不宜小于 50 mm;孔道外壁至剪力墙外表面的净间距不宜小于 30 mm。当采用其他成孔方式时,应对不同预留成孔工艺、孔道形状、孔道内壁的粗糙度或花纹深度及间距等形成的连接接头进行力学性能及适用性的试验验证。

②竖向钢筋连接长度范围内的水平分布钢筋应加密,加密范围自剪力墙底部至预留灌浆孔道顶部（见图 2-25）,且不应小于 300 mm。加密区水平分布钢筋的最大间距及最小直径应符合表 2-1 的规定,最下层水平分布钢筋距离墙身底部不应大于 50 mm。剪力墙竖向分布钢筋连接长度范围内未采取有效横向约束措施时,水平分布钢筋加密范围内的拉筋应加密;拉筋沿竖向的间距不宜大于 300 mm 且不少于 2 排;拉筋沿水平方向的间距不宜大于竖向分布钢筋间距,直径不应小于 6 mm;拉筋应紧靠被连接钢筋,并钩住最外层分布钢筋。

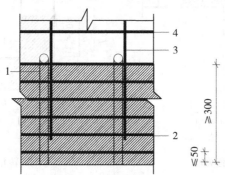

1—预留灌浆孔道;2—水平分布钢筋加密区域（阴影区域）;3—竖向钢筋;4—水平分布钢筋
图 2-25　钢筋浆锚搭接连接部位水平分布钢筋加密构造示意

③边缘构件竖向钢筋连接长度范围内应采取加密水平封闭箍筋的横向约束措施或其他可靠措施。当采用加密水平封闭箍筋约束时,应沿预留孔道直线段全高加密。箍筋沿竖向的间距,一级不应大于 75 mm,二、三级不应大于 100 mm,四级不应大于 150 mm;箍筋沿水平方向的肢距不应大于竖向钢筋间距,且不宜大于 200 mm;箍筋直径一、二级不应小于 10 mm,三、四级不应小于 8 mm,宜采用焊接封闭箍筋（见图 2-26）。

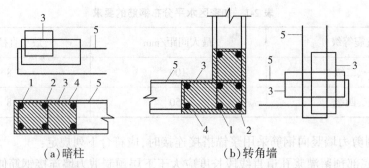

（a）暗柱　　　　　　　（b）转角墙

1—上层预制剪力墙边缘构件竖向钢筋;2—下层剪力墙边缘构件竖向钢筋;

3—封闭箍筋;4—预留灌浆孔道;5—水平分布钢筋

图 2-26　钢筋浆锚搭接连接长度范围内加密水平封闭箍筋约束构造示意

（4）楼层内相邻预制剪力墙之间应采用整体式接缝连接,且应符合下列规定:

①当接缝位于纵横墙交接处的约束边缘构件区域时,约束边缘构件的阴影区域(见图 2-27)宜全部采用后浇混凝土,并应在后浇段内设置封闭箍筋。

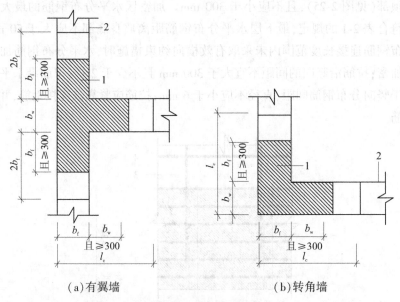

（a）有翼墙　　　　　　　（b）转角墙

1—后浇段;2—预制剪力墙

图 2-27　约束边缘构件阴影区域全部后浇构造示意(阴影区域为斜线填充范围)

②当接缝位于纵横墙交接处的构造边缘构件区域时,构造边缘构件宜全部采用后浇混凝土(见图 2-28),当仅在一面墙上设置后浇段时,后浇段的长度不宜小于 300 mm(见图 2-29)。

③边缘构件内的配筋及构造要求应符合现行国家标准《建筑抗震设计规范》(GB 50011)的有关规定;预制剪力墙的水平分布钢筋在后浇段内的锚固、连接应符合现行国家标准《混凝土结构设计规范》(GB 50010)的有关规定。

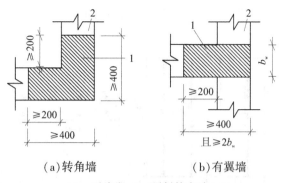

（a）转角墙　　　　　　　　（b）有翼墙

1—后浇段；2—预制剪力墙

图 2-28　构造边缘构件全部后浇构造示意（阴影区域为构造边缘构件范围）

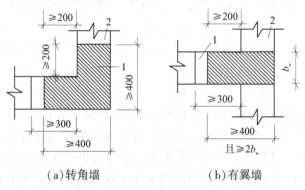

（a）转角墙　　　　　　　　（b）有翼墙

1—后浇段；2—预制剪力墙

图 2-29　构造边缘构件部分后浇构造示意（阴影区域为构造边缘构件范围）

④非边缘构件位置，相邻预制剪力墙之间应设置后浇段，后浇段的宽度不应小于墙厚且不宜小于 200 mm；后浇段内应设置不少于 4 根竖向钢筋，钢筋直径不应小于墙体竖向分布钢筋直径且不应小于 8 mm。两侧墙体的水平分布钢筋在后浇段内的连接应符合现行国家标准《混凝土结构设计规范》（GB 50010）的有关规定。

（5）当采用套筒灌浆连接或浆锚搭接连接时，预制剪力墙底部接缝宜设置在楼面标高处。接缝高度不宜小于 20 mm，宜采用灌浆料填实，接缝处后浇混凝土上表面应设置粗糙面。

（6）上下层预制剪力墙的竖向钢筋连接应符合下列规定：

①边缘构件的竖向钢筋应逐根连接。

②预制剪力墙的竖向分布钢筋宜采用双排连接。

③抗震等级为一级的剪力墙及二、三级底部加强部位的剪力墙，剪力墙的边缘构件竖向钢筋宜采用套筒灌浆连接。

（7）当上下层预制剪力墙竖向钢筋采用套筒灌浆连接时，应符合下列规定：

①当竖向分布钢筋采用"梅花形"部分连接（见图 2-30）时，连接钢筋的配筋率不应小于现行国家标准《建筑抗震设计规范》（GB 50011）规定的剪力墙竖向分布钢筋最小配筋率要求，连接钢筋的直径不应小于 12 mm，同侧间距不应大于 600 mm，且在剪力墙构件承

载力设计和分布钢筋配筋率计算中不得计入未连接的分布钢筋;未连接的竖向分布钢筋直径不应小于 6 mm。

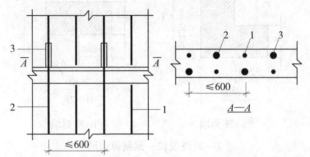

1—未连接的竖向分布钢筋;2—连接的竖向分布钢筋;3—灌浆套筒

图 2-30　竖向分布钢筋"梅花形"套筒灌浆连接构造示意

②当竖向分布钢筋采用单排连接时(见图 2-31),剪力墙两侧竖向分布钢筋与配置于墙体厚度中部的连接钢筋搭接连接,连接钢筋位于内、外侧被连接钢筋的中间;连接钢筋受拉承载力不应小于上下层被连接钢筋受拉承载力较大值的 1.1 倍,间距不宜大于 300 mm。下层剪力墙连接钢筋自下层预制墙顶算起的埋置长度不应小于 $1.2l_{aE}+b_w/2$(b_w 为墙体厚度),上层剪力墙连接钢筋自套筒顶面算起的埋置长度不应小于 l_{aE},上层连接钢筋顶部至套筒底部的长度不应小于 $1.2l_{aE}+b_w/2$,l_{aE} 按连接钢筋直径计算。钢筋连接长度范围内应配置拉筋,同一连接接头内的拉筋配筋面积不应小于连接钢筋的面积;拉筋沿竖向的间距不应大于水平分布钢筋间距,且不宜大于 150 mm;拉筋沿水平方向的间距不应大于竖向分布钢筋间距,直径不应小于 6 mm;拉筋应紧靠连接钢筋,并钩住最外层分布钢筋。

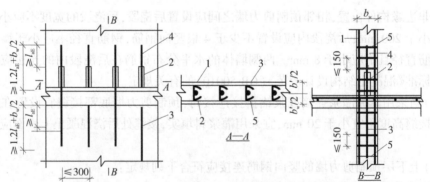

1—上层预制剪力墙竖向分布钢筋;2—灌浆套筒;3—下层剪力墙连接钢筋;
4—上层剪力墙连接钢筋;5—拉筋

图 2-31　竖向分布钢筋单排套筒灌浆连接构造示意

(8)当上下层预制剪力墙竖向钢筋采用挤压套筒连接时,预制剪力墙底后浇段内的水平钢筋直径不应小于 10 mm 和预制剪力墙水平分布钢筋直径的较大值,间距不宜大于 100 mm;楼板顶面以上第一道水平钢筋距楼板顶面不宜大于 50 mm,套筒上端第一道水平钢筋距套筒顶部不宜大于 20 mm(见图 2-32)。

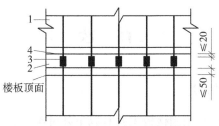

1—预制剪力墙;2—墙底后浇段;3—挤压套筒;4—水平钢筋

图 2-32 预制剪力墙底后浇段水平钢筋配置示意

(9)当上下层预制剪力墙竖向钢筋采用浆锚搭接连接时,应符合下列规定:

①当竖向钢筋非单排连接时,下层预制剪力墙连接钢筋伸入预留灌浆孔道内的长度不应小于 $1.2l_{aE}$(见图 2-33)。

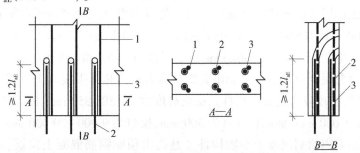

1—上层预制剪力墙竖向钢筋;2—下层剪力墙竖向钢筋;3—预留灌浆孔道

图 2-33 竖向钢筋浆锚搭接连接构造示意

②当竖向分布钢筋采用单排连接时(见图 2-34),剪力墙两侧竖向分布钢筋与配置于墙体厚度中部的连接钢筋搭接连接,连接钢筋位于内、外侧被连接钢筋的中间;连接钢筋受拉承载力不应小于上下层被连接钢筋受拉承载力较大值的 1.1 倍,间距不宜大于 300 mm。连接钢筋自下层剪力墙顶算起的埋置长度不应小于 $1.2l_{aE}+b_w/2$(b_w 为墙体厚度),自上层预制墙体底部伸入预留灌浆孔道内的长度不应小于 $1.2l_{aE}+b_w/2$,l_{aE} 按连接钢筋直径计算。钢筋连接长度范围内应配置拉筋,同一连接接头内的拉筋配筋面积不应小于连接钢筋的面积;拉筋沿竖向的间距不应大于水平分布钢筋间距,且不宜大于 150 mm;拉筋沿水平方向的肢距不应大于竖向分布钢筋间距,直径不应小于 6 mm;拉筋应紧靠连接钢筋,并钩住最外层分布钢筋。

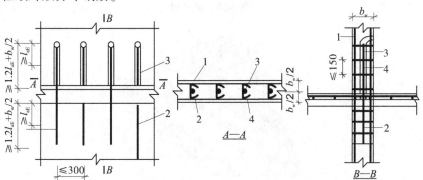

1—上层预制剪力墙竖向钢筋;2—下层剪力墙连接钢筋;3—预留灌浆孔道;4—拉筋

图 2-34 竖向分布钢筋单排浆锚搭接连接构造示意

第三节 楼 板

一、常见楼板的种类

在装配式混凝土建筑中,预制楼板主要有以下几种类型:

(1)叠合板(见图 2-35)用带桁架筋预制混凝土实心底板。是指设置有桁架筋增加板刚度,用于叠合板底模(板)的预制混凝土实心薄板。叠合板用带桁架筋预制混凝土实心底板的厚度不小于 60 mm;标志宽度宜为 1 200 mm、1 500 mm、1 800 mm、2 000 mm、2 400 mm,标志长度宜为 300 mm,模数为 2 400~8 100 mm。钢筋桁架混凝土叠合板如图 2-36 所示。

(2)密肋楼盖用带填充体预制混凝土板。是指由组合式钢网箱或预制混凝土空脱构件等填充体与肋梁或底板组合制成,用于密肋楼盖的预制混凝土构件。截面高度为 180~1 200 mm,标志宽度宜为 100~2 800 mm,标志长度宜为 5 100~18 000 mm。

(3)预应力混凝土双 T 板。是指由高强预应力钢筋和高强混凝土制成的横截面形式为双 T 形的先张法预应力混凝土构件。截面高度宜为 350~950 mm,标志宽度宜为 2 000 mm、2 400 mm、3 000 mm,标志长度宜为 300 mm,模数为 9 000~30 000 mm。

(4)密肋楼盖用预制混凝土空腔构件。是指由预制钢筋混凝土顶板、底板和硬质材料侧壁围合制成,用于密肋楼盖内模和结构面层的空腔箱形构件。截面高度宜为 150~1 000 mm,标志宽度和标志长度宜为 500 mm、700 mm、900 mm、1 100 mm。

图 2-35 叠合板

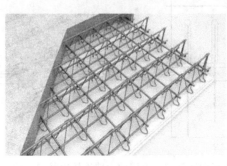

图 2-36 钢筋桁架混凝土叠合板

二、预制墙板的构造要求

(一)预制墙板的基本要求

(1)装配整体式结构的楼盖宜采用叠合楼盖。结构转换层、平面复杂或开洞较大的楼层、作为上部结构嵌固部位的地下室楼层宜采用现浇楼盖。

(2)叠合板应按现行国家标准《混凝土结构设计规范》(GB 50010)进行设计,并应符合下列规定:

①叠合板的预制板厚度不宜小于 60 mm,后浇混凝土叠合层厚度不应小于 60 mm。

②当叠合板的预制板采用空心板时,板端空腔应封堵。

③跨度大于 3 m 的叠合板,宜采用桁架钢筋混凝土叠合板。

④跨度大于 6 m 的叠合板,宜采用预应力混凝土预制板。

⑤板厚大于 180 mm 的叠合板,宜采用混凝土空心板。

⑥结构转换层和作为上部结构嵌固部位的楼层宜采用现浇楼盖。

⑦屋面层和平面受力复杂的楼层宜采用现浇楼盖;当采用叠合楼盖时,楼板的后浇混凝土叠合层厚度不应小于 100 mm,且后浇层内应采用双向通长配筋,钢筋直径不宜小于 8 mm,间距不宜大于 200 mm。

(3)预制板厚度不应小于 50 mm,且不应大于楼板总厚度的 1/2。预制板的宽度不宜大于 2 500 mm,且不宜小于 600 mm。预应力筋宜采用直径 4.8 mm 或 5 mm 的高强螺旋肋钢丝。钢丝的混凝土保护层厚度不应小于表 2-2 的规定。

表 2-2　钢丝混凝土保护层厚度

预制板厚度/mm	保护层厚度/mm
50	17.5
60	17.5
≥70	20.5

(4)叠合板的叠合层混凝土厚度不应小于 40 mm,混凝土强度等级不宜低于 C25。预制板表面应做成凹凸差不小于 4 mm 的粗糙面。承受较大荷载的叠合板及预应力叠合板,宜在预制底板上设置伸入叠合层的构造钢筋。

(5)桁架钢筋混凝土叠合板应满足下列要求:

①桁架钢筋应沿主要受力方向布置。

②桁架钢筋距板边不应大于 300 mm,间距不宜大于 600 mm。

③桁架钢筋弦杆钢筋直径不宜小于 8 mm,腹杆钢筋直径不应小于 4 mm。

④桁架钢筋弦杆混凝土保护层厚度不应小于 15 mm。

(二)预制墙板与其他构件连接的构造要求

(1)叠合板可根据预制板接缝构造、支座构造、长宽比按单向板或双向板设计。当预制板之间采用分离式接缝[见图 2-37(a)]时,宜按单向板设计。对长宽比不大于 3 的四边支撑叠合板,当其预制板之间采用整体式接缝[见图 2-37(b)]或无接缝[见图 2-37(c)]时,可按双向板设计。

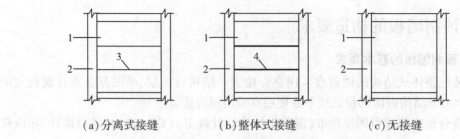

（a）分离式接缝　　　（b）整体式接缝　　　（c）无接缝

1—预制板；2—梁或墙；3—板侧分离式接缝；4—板侧整体式接缝

图 2-37　叠合板的预制板布置形式示意

（2）预制板之间连接时，应在预制板相邻处板面铺钢筋网片（见图 2-38），网片钢筋直径不宜小于 5 mm，强度等级不应小于 HPB300，短向钢筋的长度不宜小于 600 mm，间距不宜大于 200 mm；网片长向可采用三根钢筋，钢筋长度可比预制板短 200 mm。

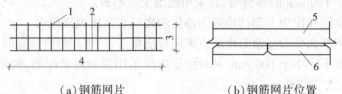

（a）钢筋网片　　　　　　　（b）钢筋网片位置

1—钢筋网片的短向钢筋；2—钢筋网片的长向钢筋；3—钢筋网片的短向长度；

4—钢筋网片的长向长度；5—叠合层；6—预制板

图 2-38　板纵缝连接构造

（3）叠合板的预制板与后浇混凝土叠合层之间设置的抗剪构造钢筋应符合下列规定：

①抗剪构造钢筋宜采用马镫形，间距不宜大于 400 mm，钢筋直径 d 不应小于 6 mm。

②马镫钢筋宜伸到叠合板上、下部纵向钢筋处，预埋在预制板内的总长度不应小于 $15d$，水平段长度不应小于 50 mm。

（4）叠合板支座处的纵向钢筋应符合下列规定：

①板端支座处，预制板内的纵向受力钢筋宜从板端伸出并锚入支撑梁或墙的后浇混凝土中，锚固长度不应小于 $5d$（d 为纵向受力钢筋直径），且宜伸过支座中心线［见图2-39（a）］。

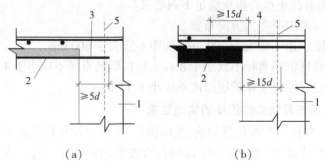

（a）　　　　　　　　（b）

1—支撑梁或墙；2—预制板；3—纵向受力钢筋；4—附加钢筋；5—支座中心线

图 2-39　叠合板端及板侧支座构造示意

②单向叠合板的板侧支座处,当预制板内的板底分布钢筋伸入支撑梁或墙的后浇混凝土中时,应符合①的要求;当板底分布钢筋不伸入支座时,宜在紧邻预制板顶面的后浇混凝土叠合层中设置附加钢筋,附加钢筋截面面积不宜小于预制板内的同向分布钢筋面积,间距不宜大于 600 mm,在板的后浇混凝土叠合层内锚固长度不应小于 15d,在支座内锚固长度不应小于 15d(d 为附加钢筋直径)且宜伸过支座中心线[见图 2-39(b)]。

第四节 外挂墙板

一、常见外挂墙板的种类

预制混凝土外墙挂板是指由预制混凝土墙板、墙板与主体结构连接件或连接节点等组成,安装在主体结构上,起围护、装饰作用的非承重预制混凝土外墙挂板,包括由内外叶墙板、夹心保温层和拉结件组成的非承重预制混凝土夹心保温外墙挂板。外挂墙板有许多种类型,主要包括梁式外挂板、柱式外挂板和墙式外挂板。它们之间的区别主要在于挂板在建筑中所处的位置不同,因此导致设计计算和连接节点的许多不同。预制混凝土外墙挂板集围护、外装饰、墙体保温于一体,采用工厂化生产、装配化施工,具有安装速度快、质量可控、耐久性好、便于维护保养等特点。预制混凝土外墙挂板是装配在钢筋或混凝土结构上的非承重外墙围护挂板或装饰板;适用于抗震设防烈度≤Ⅷ地区,100 m 以下高度的民用及工业建筑,二 a 类环境类别的外墙工程。常见外墙挂板示意图,见图 2-40 和 2-41。

图 2-40 外挂墙板的吊装

图 2-41 外挂墙板的连接

二、外挂墙板的构造要求

(一)外挂墙板的基本要求

(1)外挂墙板与主体结构宜采用柔性连接,连接节点应具有足够的承载力和适应主体结构变形的能力,并应采取可靠的防腐、防锈和防火措施。

(2)外挂墙板的高度不宜大于一个层高,厚度不宜小于100 mm。

(3)外挂墙板宜采用双层、双向配筋,竖向和水平钢筋的配筋率均不应小于0.15%,且钢筋直径不宜小于5 mm,间距不宜大于200 mm。

(4)门窗洞口周边、角部应配置加强钢筋。

(5)外挂墙板最外层钢筋的混凝土保护层厚度除有专门要求外,应符合下列规定:

①对石材或面砖饰面,不应小于15 mm。

②对清水混凝土,不应小于20 mm。

③对露骨料装饰面,应从最凹处混凝土表面计起,且不应小于20 mm。

(6)外挂墙板与主体结构采用点支撑连接时,连接件的滑动孔尺寸,应根据穿孔螺栓的直径、层间位移值和施工误差等因素确定。

(7)外挂墙板间接缝的构造应符合下列规定:

①接缝构造应满足防水、防火、隔声等建筑功能要求。

②接缝宽度应满足主体结构的层间位移、密封材料的变形能力、施工误差、温差引起变形等要求,且不应小于15 mm。

(8)外墙挂板接缝处的气密条可采用中空的发泡氯丁橡胶。

(9)背衬材料可采用直径为缝宽1.3~1.5倍的发泡闭孔聚乙烯棒或发泡氯丁橡胶棒,密度不宜大于37 kg/m³。

(10)外墙挂板由内外叶墙板、夹心保温层、连接件及饰面层组成,其基本构造应符合表2-3的规定。

表2-3 外墙挂板的组成

基本构造				构造示意
①内叶墙板	②连接件	③外叶墙板	④夹心保温	
钢筋混凝土	平面桁架钢筋	钢筋混凝土	保温材料	

(二)外挂墙板与其他构件连接的构造要求

(1)外挂墙板的形式和尺寸应根据建筑立面造型、主体结构层间位移限值、楼层高度、节点连接形式、温度变化、接缝构造、运输限制条件和现场起吊能力等因素确定;板间接缝宽度应根据计算确定且不宜小于10 mm;当计算缝宽大于30 mm时,宜调整外挂墙板的形式或连接方式。

（2）外挂墙板与主体结构采用点支撑连接时，节点构造应符合下列规定：

①连接点数量和位置应根据外挂墙板形状、尺寸确定，连接点不应少于4个，承重连接点不应多于2个。

②在外力作用下，外挂墙板相对主体结构在墙板平面内应能水平滑动或转动。

③连接件的滑动孔尺寸应根据穿孔螺栓直径、变形能力需求和施工允许偏差等因素确定。

（3）外挂墙板与主体结构采用线支撑连接时（见图2-42），节点构造应符合下列规定：

①外挂墙板顶部与梁连接，且固定连接区段应避开梁端1.5倍梁高长度范围。

②外挂墙板与梁的结合面应采用粗糙面并设置键槽；接缝处应设置连接钢筋，连接钢筋数量应经过计算确定且钢筋直径不宜小于10 mm，间距不宜大于200 mm；连接钢筋在外挂墙板和楼面梁后浇混凝土中的锚固应符合现行国家标准《混凝土结构设计规范》（GB 50010）的有关规定。

③外挂墙板的底端应设置不少于2个仅对墙板有平面外约束的连接节点。

④外挂墙板的侧边不应与主体结构连接。

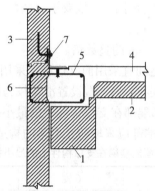

1—预制梁；2—预制板；3—预制外挂墙板；4—后浇混凝土；
5—连接钢筋；6—剪力键槽；7—面外限位连接件

图2-42　外挂墙板线支撑连接示意

（4）外挂墙板不应跨越主体结构的变形缝。主体结构变形缝两侧的外挂墙板的构造缝应能适应主体结构的变形要求，宜采用柔性连接设计或滑动型连接设计，并采取易于修复的构造措施。

第五节　其他预制构件

一、预制楼梯

预制混凝土楼梯是指在工厂制作的两个平台之间若干连续踏步或若干连续踏步和平板组合的混凝土构件，简称预制楼梯。预制楼梯按结构形式可分为板式楼梯和梁板式楼梯，如图2-43和图2-44所示。

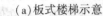

(a)板式楼梯示意　　(b)梁板式楼梯示意(一)　(c)梁板式楼梯示意(二)

图 2-43　预制楼梯

图 2-44　预制楼梯的吊装

(1)预制楼梯踏步宽度宜不小于 250 mm,宜采用 260 mm、280 mm、300 mm。

(2)低、高端平台段长度应满足搁置长度要求,且宜不小于 400 mm。

(3)同一梯段踏步高度应一致。

(4)预制楼梯宽度宜为 100 mm 的整数倍。

(5)预制楼梯与支撑构件之间宜采用简支连接。采用简支连接时,应符合下列规定:

①预制楼梯宜一端设置固定铰,另一端设置滑动铰,其转动及滑动变形能力应满足结构层间位移的要求,且预制楼梯端部在支撑构件上的最小搁置长度应符合表 2-4 的规定。

②预制楼梯设置滑动铰的端部应采取防止滑落的构造措施。

表 2-4　预制楼梯在支撑构件上的最小搁置长度

抗震设防烈度	6 度	7 度	8 度
最小搁置长度/mm	75	75	100

(6)预制板式楼梯的梯段板底应配置通长的纵向钢筋。板面宜配置通长的纵向钢筋;当楼梯两端均不能滑动时,板面应配置通长的纵向钢筋。

二、预制阳台板和空调板

预制阳台板按构件形式不同,分为叠合板式阳台(见图 2-45)、全预制板式阳台、全预制梁式阳台。

(一)叠合板式阳台

叠合板式阳台预制底板的厚度均为 60 m,当阳台长度为 100 m 或 1 200 mm 时,现浇层厚度取 70 mm;当阳台长度为 1400 mm 时,现浇层厚度取 90 mm;阳台板周边应设置封边,封边宽度为 150 mm,封边高度可取 400 mm、800 mm 和 1 200 mm。预制板内的钢筋包括钢筋桁架和钢筋网片,钢筋桁架的高度根据现浇层厚度确定,分别为 80 mm 或 100 mm 高,沿阳台长度方向的钢筋伸出混凝土 12d,且至少伸过墙(梁)中线,与封边相连的钢筋锚入封边 100 mm 封边内设置纵筋和箍筋,吊点位置处箍筋应加密。

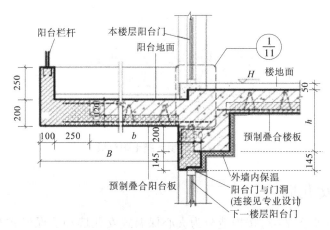

图 2-45 叠合板式阳台

(二) 全预制板式阳台

当阳台长度为 1 000 mm 或 1 200 mm 时,全预制板式阳台预制底板的厚度为 130 mm;当阳台长度为 1 410 mm 时,底板的厚度为 150 mm;阳台板周边应设置封边,封边宽度为 150 mm,封边高度可取 400 mm、800 mm 和 1 200 mm。预制板内的钢筋包括上下层钢筋网片,沿阳台长度方向的上层钢筋伸出混凝土 $1.1l_a$,下层钢筋伸出混凝土 $12d$,且至少伸过墙(梁)中线,与封边相连的钢筋锚入封边。封边内设置纵筋和箍筋,吊点位置处箍筋应加密。

(三) 全预制梁式阳台

全预制梁式阳台在周边设置 200 mm×400 mm 的梁,并在其上设置 150 mm 高翻边。两侧梁伸出钢筋锚入后浇混凝土中,上部钢筋的长度取 $1.1l_a$,下部钢筋的长度取 $15d$。板厚取 100 mm,双面双向配筋,外伸钢筋锚入后浇筑混凝土中,沿阳台长度方向的钢筋伸出混凝土 $5sd$,且至少伸过墙(梁)中线。

阳台板、空调板宜采用叠合构件或预制构件。预制阳台应与圈梁和楼板的现浇带可靠连接,Ⅷ、Ⅸ度抗震设防时,不应采用预制阳台板。叠合构件的负弯矩钢筋应在相邻叠合板的后浇混凝土中可靠锚固。预制钢筋混凝土空调板连接节点如图 2-46 所示,预制混凝土阳台板如图 2-47 所示。

预制空调板预留负弯矩筋伸入主体结构后浇层,并与主体结构梁板钢筋可靠绑扎,浇筑成整体,负弯矩筋伸入主体结构水平段长度应不小于 $1.1l_a$。

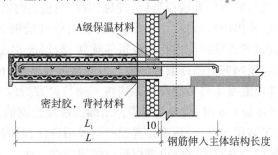

图 2-46 预制钢筋混凝土空调板连接节点

图 2-47 预制混凝土阳台板

三、预制女儿墙

预制女儿墙(见图 2-48)按构造分为夹心保温式女儿墙和非保温式女儿墙两种。预制女儿墙设计高度为从屋顶结构标高算起,到女儿墙压顶的顶面为止的尺寸,即

设计高度=女儿墙墙身高度+女儿墙压顶高度+接缝高度

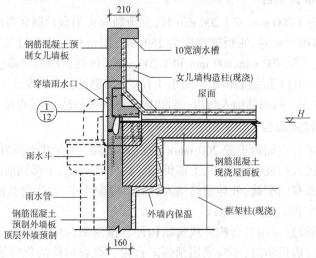

图 2-48 全预制女儿墙

　　墙身通过下端的螺纹盲孔与顶层墙体伸出的钢筋浆锚连接,墙身之间通过后浇段连接,压顶与墙身之间通过螺栓连接并用砂浆填充。

　　夹心保温式女儿墙与剪力墙外墙板类似。包括内叶墙板、保温层和外叶墙板三个部分。外叶墙板与保温层伸出内叶墙板,用作后浇段模板;外叶墙板为 60 mm 厚单层双向配筋钢筋混凝土板,需设置连接件与内叶墙板可靠连接;为保证女儿墙与外墙的平整,保温层厚度一般应与顶层预制剪力墙外墙板一致。内叶墙板板厚为 160 mm,配置双层双向钢筋网片,水平钢筋伸出混凝土与后浇段可靠连接。墙行设置螺纹盲孔与伸出顶层的钢筋浆锚搭接;当墙身长度≥4 m 时,墙身上端需伸出端部带螺纹钢筋与压顶连接。一般在内叶墙板顶面外设置吊装用埋件,内侧需设置脱模斜撑用埋件,两侧靠近端部处设置板板连接用埋件,外叶墙板两侧靠近端部处设置模板拉结用埋件。此外,内叶墙板需设置泛水收头预留槽。

第三章　装配式混凝土结构施工

装配式混凝土结构的施工过程具体如下:原材料进厂→构件制作→构件检验→构件运输→构件进场→构件存放→构件安装→构件连接→结构验收。

第一节　施工准备

(1)预制构件生产前,应由建设单位组织设计单位、生产单位、施工单位进行设计文件交底和会审。必要时,应根据批准的设计文件,拟定的生产工艺、运输方案、吊装方案等编制加工详图。

(2)预制构件生产前,应编制生产方案,生产方案宜包括生产计划及生产工艺,模具方案及计划,技术质量控制措施,成品存放、运输和保护方案等。

(3)预制构件生产宜建立首件验收制度。首件验收制度是指结构较复杂的预制构件或新型构件首次生产或间隔较长时间重新生产时,生产单位需会同建设单位、设计单位、施工单位、监理单位共同进行首件验收,重点检查模具、构件、预埋件、混凝土浇筑成型中存在的问题,确认该批预制构件生产工艺是否合理,质量能否得到保障,共同验收合格之后方可批量生产。

(4)预制构件的原材料质量、钢筋加工和连接的力学性能、混凝土强度、构件结构性能、装饰材料、保温材料及拉结件的质量等均应根据国家现行有关标准进行检查和检验,并应具有生产操作规程和质量检验记录。

(5)预制构件生产的质量检验应按模具、钢筋、混凝土、预应力、预制构件等检验进行。预制构件的质量评定应根据钢筋、混凝土、预应力、预制构件的试验、检验资料等项目进行。当上述各检验项目的质量均合格时,方可评定为合格产品。

(6)预制构件和部品生产中采用新技术、新工艺、新材料、新设备时,生产单位应制订专门的生产方案;必要时,进行样品试制,经检验合格后方可实施。

(7)预制构件和部品经检查合格后,宜设置表面标识。预制构件和部品出厂时,应出具质量证明文件。

第二节　预制构件生产、存放、吊运及防护

一、预制构件的生产

预制构件的生产宜采用工业化生产流程。各种预制构件的工业化生产流程具体如下:模具的制作拼装→钢筋制作→钢筋安装(含套筒、预埋件)→浇筑混凝土→构件的初

级养护→毛化处理→蒸汽养护→检验合格→出品。

预制构件生产厂如图 3-1 所示,外墙生产的工艺流程如图 3-2 所示。

图 3-1　预制构件生产厂

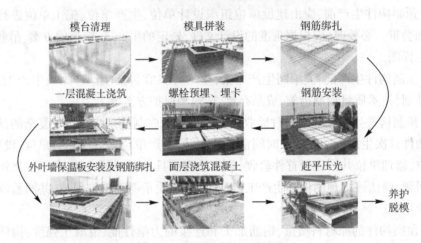

图 3-2　外墙生产的工艺流程

（1）预制构件生产应根据生产工艺、产品类型等制订模具方案,应建立健全模具验收、使用制度。模具应具有足够的强度、刚度和整体稳固性,并应符合下列规定:

①模具应装拆方便,并应满足预制构件质量、生产工艺和周转次数等要求。

②结构造型复杂、外形有特殊要求的模具应制作样板,经检验合格后方可批量制作。

③模具各部件之间应连接牢固,接缝应紧密,附带的埋件或工装应定位准确,安装牢固。

④用作底模的台座、胎模、地坪及铺设的底板等应平整光洁,不得有下沉、裂缝、起砂和起鼓。

⑤模具应保持清洁,涂刷脱模剂、表面缓凝剂时应均匀、无漏刷、无堆积,且不得玷污钢筋,不得影响预制构件外观效果。

⑥应定期检查侧模、预埋件和预留孔洞定位措施的有效性;应采取防止模具变形和锈蚀的措施;重新启用的模具应检验合格后方可使用。

⑦模具与平模台间的螺栓、定位销、磁盒等固定方式应可靠,防止混凝土振捣成型时造成模具偏移和漏浆。

模具清理及拼装如图 3-3、图 3-4 所示。

| 图 3-3　模具清理 | 图 3-4　模具拼装 |

（2）钢筋宜采用自动化机械设备加工。钢筋半成品、钢筋网片、钢筋骨架和钢筋桁架应检查合格后方可进行入模和安装，并应符合下列规定：

①钢筋表面不得有油污，不应有严重锈蚀。

②钢筋网片和钢筋骨架宜采用专用吊架进行吊运。

③混凝土保护层厚度应满足设计要求。保护层垫块宜与钢筋骨架或网片绑扎牢固，按梅花状布置，间距满足钢筋限位及控制变形要求，钢筋绑扎丝甩扣应弯向构件内侧。

钢筋桁架加工、钢筋加工如图 3-5、图 3-6 所示。

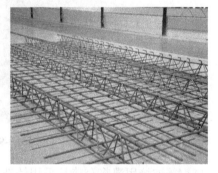

| 图 3-5　钢筋桁架加工 | 图 3-6　钢筋加工 |

（3）钢筋入模是制作预制构件的关键步骤，而布置和安放钢筋的间隔决定了预制构件的质量安全。钢筋入模分为钢筋骨架整体入模和钢筋半成品模具内绑扎两种方式。两种方式选择时，可根据钢筋作业区面积、预制构件类型、制作工艺要求等因素确定。一般钢筋绑扎区面积较大，钢筋骨架堆放位置充足，预制构件无伸出钢筋或伸出钢筋少且工艺允许钢筋骨架整体入模的，应采用钢筋骨架整体入模方式；否则，应采用模具内绑扎的方式。钢筋模具内绑扎会延长整个工艺流程时间。

①钢筋骨架应绑扎牢固，防止吊运入模时变形或散架。

②钢筋网和钢筋骨架在整体装运、吊装就位时，应采用多吊点的起吊方式，防止发生扭曲、弯折、歪斜等变形。吊点应根据其尺寸、质量及刚度而定，宽度大于 1 m 的水平钢筋网宜采用四点起吊，跨度小于 6 m 的钢筋骨架宜采用两点起吊，跨度大、刚度差的钢筋骨架宜采用横吊梁（铁扁担）四点起吊。

钢筋吊装及钢筋网片吊装如图3-7、图3-8所示。

图3-7 钢筋吊装

图3-8 钢筋网片吊装

③钢筋骨架吊运至工位上方,宜平稳、缓慢下降至距模具最高处300~500 mm。

④操作人员扶稳骨架并调整好方向后,缓慢下降吊钩,使钢筋骨架落入模具内。

⑤撤去吊具后,根据需要对钢筋骨架位置进行微调。

⑥模具内绑扎必要的辅筋和加强筋等。钢筋入模(见图3-9)后,还应对叠合部位的主筋和构造钢筋进行保护,防止外露钢筋在混凝土浇筑过程中受到污染,而影响到钢筋的握裹强度,已受到污染的部位需及时清理。

图3-9 钢筋入模

(4)钢筋连接用灌浆套筒是采用铸造工艺或机械加工工艺制造,用于钢筋套筒灌浆连接的金属套筒,简称灌浆套筒。灌浆套筒可分为全灌浆套筒(见图3-10)和半灌浆套筒(见图3-11)。全灌浆套筒是指两端均采用套筒灌浆连接的灌浆套筒。半灌浆套筒是指一端采用套筒灌浆连接,另一端采用机械连接方式连接钢筋的灌浆套筒。

图3-10 预埋全灌浆套筒

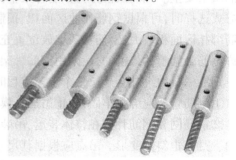
图3-11 半灌浆套筒

套筒可以随钢筋骨架整体入模,也可以单独入模安装。套筒端部应在端板上定位,套筒角度应确保与模具垂直。伸入全灌浆套筒的钢筋,应插入到套筒中心挡片处;钢筋与套筒之间的橡胶圈应安装紧密。半灌浆套筒应预先将已滚轧螺纹的连接钢筋与套筒螺纹端按要求拧紧后再绑扎钢筋骨架。对连接钢筋,需提前检查镦粗、剥肋、滚轧螺纹的质量,避免未镦粗直接滚轧螺纹削减钢筋断面。钢筋骨架落入模具内,适当调整钢筋骨架位置,根据工艺要求将套筒与模具进行连接安装。预制构件钢筋及灌浆套筒的安装应符合下列规定:

①连接钢筋与全灌浆套筒安装时,应逐根插入灌浆套筒内,插入深度应满足设计锚固深度要求。

②钢筋安装时,应将其固定在模具上,灌浆套筒与柱底、墙底模板应垂直,应采用橡胶环、螺杆等固定件避免混凝土浇筑、振捣时灌浆套筒和连接钢筋移位。

③与灌浆套筒连接的灌浆管、出浆管应定位准确、安装稳固。

④应采取防止混凝土浇筑时向灌浆套筒内漏浆的封堵措施。

半灌浆套筒安装、顶面半灌浆套筒及主筋安装如图 3-12、图 3-13 所示。

图 3-12 半灌浆套筒安装

图 3-13 顶面半灌浆套筒及主筋安装

套筒连接示意如图 3-14 所示。

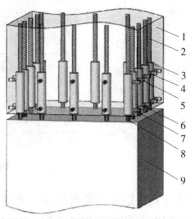

1—柱上端;2—螺纹端钢筋;3—水泥灌浆直螺纹连接套筒;4—出浆孔接头 T-1;
5—PVC 管;6—灌浆孔接头 T-1;7—PVC 管;8—灌浆端钢筋;9—柱下端

图 3-14 套筒连接示意图

接头如图 3-15 所示。

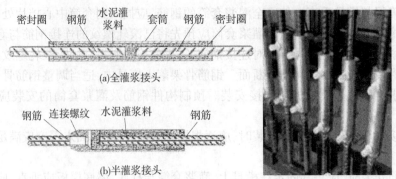

图 3-15　接头

（5）预埋件（见图 3-17）通常是指吊点、结构安装或安装辅助用的金属件等。较大的预埋件应先于钢筋骨架入模或与钢筋骨架一起入模，其他预埋件一般在最后入模，预埋件入模应按下列要求进行操作：

①预埋件安装前，应核对类型、品种、规格、数量等，不得错装或漏装。

②应根据工艺要求和预埋件的安装方向正确安装预埋件，倒扣在模台上的预埋件应在模台上设定位杆，安装在侧模上的预埋件应用螺栓固定在侧模上，在预制构件浇筑面上的预埋件应采用工装挑架固定安装。

③安装预埋件一般宜遵循先主后次、先大后小的原则。

④预埋件安装应牢固且须防止位移，安装的水平位置和垂直位置应满足设计及规范要求。

⑤底部带孔的预埋件，安装后应在孔中穿入规格合适的加强筋，加强筋的长度应在预埋件两端各露出不少于 150 mm，并防止加强筋在孔内左右移动。

⑥预埋件应逐个安装完成后再一次性紧固到位。

图 3-16

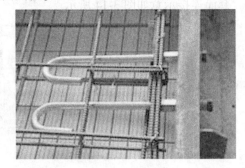

图 3-17　预埋件

（6）钢筋入模完成后，应进行安装钢筋间隔件作业。安装钢筋间隔件的目的是确保钢筋的混凝土保护层厚度符合设计要求，使预制构件的耐久性能达到结构设计的年限要求。

钢筋间隔件是指混凝土结构中用于控制钢筋保护层厚度或钢筋间距的物件。按材料分为水泥基类钢筋间隔件、塑料类钢筋间隔件、金属类钢筋间隔件；按安放部位分为表层间隔件和内部间隔件;按安放方向分为水平间隔件和竖向间隔件。

①钢筋安装应设置固定钢筋位置的间隔件,并宜采用专用间隔件,不得用石子、砖块、木块等作为间隔件。

②钢筋间隔件应具有足够的承载力、刚度。在有抗渗、抗冻、防腐等耐久性要求的混凝土结构中,钢筋间隔件应符合混凝土结构的耐久性要求。

③表层间隔件宜直接安放在被间隔的受力钢筋处,当安放在箍筋或非受力钢筋时,其间隔尺寸应按受力钢筋位置进行相应的调整。

④竖向间隔件的安放间距应根据间隔件的承载力和刚度确定,并应符合被间隔钢筋的变形要求。

⑤钢筋间隔件安放后应进行保护,不应使之受损或错位。作业时,应避免物件对钢筋间隔件的撞击。

⑥板类构件的表层间隔件宜按阵列式放置在纵横钢筋的交叉点位置,一般两个方向的间距均不宜大于 0.5 m。墙类构件的表层间隔件应采用阵列式放置在最外层受力钢筋处,水平与竖向安放间距不应大于 0.5 m。梁类构件的竖向表层间隔件应放置在最下层受力钢筋下面,同一截面宽度内至少布置两个竖向表层间隔件,间距不宜大于 1.0 m;梁类水平表层间隔件应放置在受力钢筋侧面,间距不宜大于 1.2 m。柱类构件(卧式浇筑)的竖向表层间隔件应放置在纵向钢筋的外侧面,间距不宜大于 1.0 m。

钢筋保护层间隔件如图 3-18 所示。

图 3-18   钢筋保护层间隔件

(7)混凝土的浇筑。

①混凝土应采用有自动计量装置的强制式搅拌机搅拌,并具有生产数据逐盘记录和实时查询功能。混凝土浇筑应符合下列规定:

a.混凝土浇筑前,预埋件及预留钢筋的外露部分宜采取防止污染的措施。

b.混凝土倾落高度不宜大于 600 mm,并应均匀摊铺。

c.混凝土浇筑应连续进行。

d.混凝土从出机到浇筑完毕的延续时间,气温高于 25 ℃时不宜超过 60 min,气温不高于 25 ℃时不宜超过 90 min。

②带保温材料的预制构件宜采用水平浇筑方式成型。夹芯保温墙板成型还应符合下

列规定：

　　a.拉结件的数量和位置应满足设计要求。

　　b.应采取可靠措施保证拉结件位置、保护层厚度，保证拉结件在混凝土中可靠锚固。

　　c.应保证保温材料间拼缝严密或使用黏结材料密封处理。

　　d.在上层混凝土浇筑完成之前，下层混凝土不得初凝。

　　布料机布料如图 3-19 所示。

图 3-19　布料机布料

　　③混凝土振捣应符合下列规定：

　　a.混凝土宜采用机械振捣方式成型。振捣设备应根据混凝土的品种、工作性能、预制构件的规格和形状等因素确定，应制定振捣成型操作规程。

　　b.当采用振捣棒时，混凝土振捣过程中不应碰触钢筋骨架、面砖和预埋件。

　　c.混凝土振捣过程中，应随时检查模具有无漏浆、变形或预埋件有无移位等现象。

　　固定模台人工振捣如图 3-20 所示，振动台如图 3-21 所示。

图 3-20　固定模台人工振捣

图 3-21　振动台

　　④预制构件粗糙面成型应符合下列规定：

　　a.可采用模板面预涂缓凝剂工艺，脱模后采用高压水冲洗露出的骨料。

　　b.叠合面粗糙面可在混凝土初凝前进行拉毛处理。

　　c.采用后浇混凝土或砂浆、灌浆料连接的预制构件结合面，制作时应按设计要求进行粗糙面处理。设计无具体要求时，可采用化学处理、拉毛或凿毛等方法制作粗糙面。

　　表面拉毛机如图 3-22 所示。

图 3-22　表面拉毛机

⑤夹心外墙板宜采用平模工艺生产,生产时应先浇筑外叶墙板混凝土层,再安装保温材料和拉结件,最后浇筑内叶墙板混凝土层;当采用立模工艺生产时,应同步浇筑内外叶墙板混凝土层,并应采取保证保温材料及拉结件位置准确的措施。

(8)混凝土的养护、脱模(见图 3-23)。

图 3-23　脱模

①预制构件采用洒水、覆盖等方式进行常温养护。当预制构件采用加热养护时,应制定养护制度对静停、升温、恒温和降温时间进行控制。预制构件养护应符合下列规定:

a.应根据预制构件特点和生产任务量选择自然养护、自然养护加养护剂或加热养护方式。

b.混凝土浇筑完毕或压面工序完成后应及时覆盖保湿,脱模前不得揭开。

c.涂刷养护剂应在混凝土终凝后进行。

d.加热养护可选择蒸汽加热、电加热或模具加热等方式(立体蒸养窑见图 3-24)。

图 3-24　立体蒸养窑

e.加热养护制度应通过试验确定,宜采用加热养护温度自动控制装置。宜在常温下预养护2~6 h,升、降温速度不宜超过20 ℃/h,最高养护温度不宜超过70 ℃。预制构件脱模时的表面温度与环境温度的差值不宜超过25 ℃。

f.夹芯保温外墙板最高养护温度不宜大于60 ℃。

②预制构件脱模起吊时的混凝土强度应计算确定,且不宜小于15 MPa。模具及套筒胶塞,压杆全部拆卸到位,构件与模台无连接。减少模具拆卸过程中对模具的敲打、损伤。拆模后构件完好,模具无变形。平模工艺生产的大型墙板、挂板类预制构件宜采用翻板机翻转直立后再行起吊。对于设有门洞、窗洞等较大洞口的墙板,脱膜起吊时应进行加固,防止扭曲变形造成的开裂。

外墙板翻转、起吊如图3-26、图3-27所示。

图 3-25

图 3-26 外墙板翻转   图 3-27 外墙板起吊

二、预制构件的存放、吊运及防护

应制订预制构件的运输与堆放方案,其内容应包括运输时间、次序、堆放场地、运输线路、固定要求、堆放支垫及成品保护措施等。对于超高、超宽、形状特殊的大型构件的运输和堆放,应有专门的质量安全保证措施。

(一)预制构件吊运应符合的规定

(1)应根据预制构件的形状、尺寸、质量和作业半径等要求选择吊具和起重设备,所采用的吊具(见图3-28)和起重设备及其操作,应符合国家现行有关标准及产品应用技术手册的规定。

(a)万向吊具

(b)U形环

(c)钢丝绳

(d)调节葫芦

图 3-28　专用吊具

（2）吊点数量、位置应经计算确定，应保证吊具连接可靠，应采取保证起重设备的主钩位置、吊具及构件重心在竖直方向上重合的措施。

（3）吊索水平夹角不宜小于60°，不应小于45°。

（4）应采用慢起、稳升、缓放的操作方式。吊运过程中，应保持稳定，不得偏斜、摇摆和扭转，严禁吊装构件长时间悬停在空中。

（5）吊装大型构件、薄壁构件或形状复杂的构件时，应使用分配梁或分配桁架类吊具，并应采取避免构件变形和损伤的临时加固措施。

（6）叠合楼板的吊装（见图3-29）使用钢丝绳配置吊钩，吊装前应使四个吊钩勾住叠合楼板的四个吊点，并确认钩牢（钩头的挡片复位），上升和下降过程需注意平稳操作，避免叠合楼板外向出筋伤人，叠合楼板叠放运输时，其间必须用隔板或垫木隔开，且放置层数不超过6层。空调板吊装主要应避免侧向出筋对操作人员造成伤害（戳伤、划伤）。

图 3-29　叠合楼板吊装

（7）梁、柱吊装因尺寸较长，质量较大，起吊时使用钢丝绳配置卡环，根据梁、柱质量确认吊具安全（规格、外观），应防止撞击及侧向出筋对周围物体、操作人员的伤害。吊装过程应始终注意保持钢丝绳平顺，升降过程匀速平稳，在运输车辆放置时，应遵循先中间、后两侧，避免因失重造成倾斜、侧翻。

（8）内外墙板吊装（见图3-30）使用钢丝绳配置卡环（≥5 t），吊装前，使卡环与吊耳连接，卡环上紧固螺丝拧紧，同时检查钢丝绳起吊前是否平顺、无死结，去除固定墙板的楔块、钢管（注意此时应使起重机将钢丝绳拉紧），起升时，确保钢丝绳与墙板保持垂直，且起吊点应通过构件的重心位置，吊装人员应辅助起重机机长使构件起升不旋转，同时构件离地后，吊装人员应迅速撤离到安全区域。构件降落过程中，吊装人员应使较大墙板在运输货架中间摆放（避免因构件摆放造成一侧失重，进而使车辆倾斜、侧翻），且较好受力端应靠近运输架两侧(便于固定且固定后不易偏离位置),墙板入位前,在运输架受力点放置不少于3块的木质垫块,墙板固定原则是入位后,用运输架固定棒加相应尺寸(3 m或6 m)镀锌钢管将构件绑扎固定,螺栓紧固。

图 3-30　外墙板吊装

(9)楼梯吊装过程中,应使用钢丝绳配置卡环,因楼梯质量较大,棱角较多,吊装中应减少磕碰对构件造成的伤害。

(二)预制构件存放应符合的规定

(1)存放场地应平整、坚实,并应有排水措施。

(2)存放库区宜实行分区管理和信息化台账管理。

(3)应按照产品品种、规格型号、检验状态分类存放,产品标识应明确、耐久,预埋吊件应朝上,标识应向外。

(4)应合理设置垫块支点位置,确保预制构件存放稳定,支点宜与起吊点位置一致。

(5)与清水混凝土面接触的垫块应采取防污染措施。

(6)预制构件多层叠放时,每层构件间的垫块应上下对齐;预制楼板、叠合板、阳台板和空调板等构件宜平放,叠放层数不宜超过6层;长期存放时,应采取措施控制预应力构件起拱值和叠合板翘曲变形。

(7)预制柱、梁等细长构件宜平放且用两条垫木支撑。

(8)预制内外墙板、挂板宜采用专用支架直立存放,支架应有足够的强度和刚度,薄弱构件、构件薄弱部位和门窗洞口应采取防止变形开裂的临时加固措施。

叠合板存放如图3-31所示,预制阳台板叠放示意如图3-32所示。

图 3-31　叠合板存放

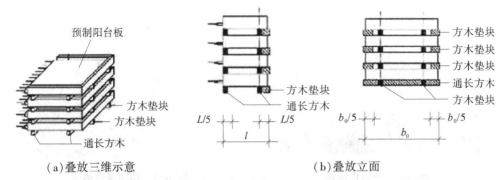

（a）叠放三维示意　　　　　　　　　（b）叠放立面

图 3-32　预制阳台板叠放示意

(三) 预制构件成品保护应符合的规定

(1) 预制构件成品外露保温板应采取防止开裂措施,外露钢筋应采取防弯折措施,外露预埋件和连接件等外露金属件应按不同环境类别进行防护或防腐、防锈处理。

(2) 宜采取保证吊装前预埋螺栓孔清洁的措施。

(3) 钢筋连接套筒、预埋孔洞应采取防止堵塞的临时封堵措施。

(4) 露骨料粗糙面冲洗完成后,应对灌浆套筒的灌浆孔和出浆孔进行透光检查,并清理灌浆套筒内的杂物。

(5) 冬期生产和存放的预制构件的非贯穿孔洞应采取措施防止雨雪水进入发生冻胀损坏。

(四) 预制构件运输过程中应符合的规定

预制构件在运输过程中应做好安全和成品防护,并应符合下列规定:

(1) 应根据预制构件种类采取可靠的固定措施。

(2) 对于超高、超宽、形状特殊的大型预制构件的运输和存放,应制定专门的质量、安全保证措施。

(3) 运输时,宜采取如下防护措施:

①设置柔性垫片,避免预制构件边角部位或链索接触处的混凝土损伤。

②用塑料薄膜包裹垫块,避免预制构件外观被污染。

③墙板门窗框、装饰表面和棱角采用塑料贴膜或其他措施防护。

④竖向薄壁构件设置临时防护支架。

⑤装箱运输时,箱内四周采用木材或柔性垫片填实,支撑牢固。

(4) 应根据构件特点采用不同的运输方式,托架、靠放架、插放架应进行专门设计,进行强度、稳定性和刚度验算:

①外墙板宜采用立式运输,外饰面层应朝外,梁、板、楼梯、阳台宜采用水平运输。

②采用靠放架立式运输时,构件与地面倾斜角度宜大于 80°,构件应对称靠放,每侧不大于 2 层,构件层间上部采用木垫块隔离。

③采用插放架直立运输时,应采取防止构件倾倒措施,构件之间应设置隔离垫块。

④水平运输时,预制梁、柱构件叠放不宜超过 3 层,板类构件叠放不宜超过 6 层。

外墙板运输如图 3-33 所示,预制楼板运输如图 3-34 所示。

图 3-33　外墙板运输

图 3-34　预制楼板运输

三、预制构件的资料与交付

1.归档资料

预制构件的资料应与产品生产同步形成、收集和整理,归档资料宜包括以下内容:

(1)预制混凝土构件加工合同。

(2)预制混凝土构件加工图纸、设计文件、设计洽商、变更或交底文件。

(3)生产方案和质量计划等文件。

(4)原材料质量证明文件、复试试验记录和试验报告。

(5)混凝土试配资料。

(6)混凝土配合比通知单。

(7)混凝土开盘鉴定。

(8)混凝土强度报告。

(9)钢筋检验资料、钢筋接头的试验报告。

(10)模具检验资料。

(11)预应力施工记录。

(12)混凝土浇筑记录。

(13)混凝土养护记录。

(14)构件检验记录。

(15)构件性能检测报告。

(16)构件出厂合格证。

(17)质量事故分析和处理资料。

(18)其他与预制混凝土构件生产和质量有关的重要文件资料。

2.产品质量证明文件

预制构件交付的产品质量证明文件应包括以下内容:

(1)出厂合格证。

(2)混凝土强度检验报告。

(3)钢筋套筒等其他构件钢筋连接类型的工艺检验报告。

(4)合同要求的其他质量证明文件。

第三节 预制构件安装与连接

预制构件吊装程序如图3-35所示。

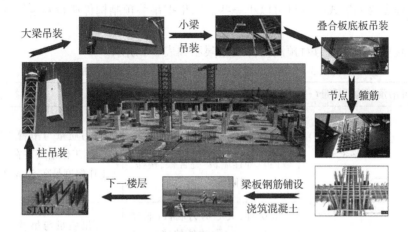

图 3-35 预制构件吊装程序

一、预制构件吊装设备及吊具

(一) 常用的吊装设备

1.塔式起重机

塔式起重机是指工作状态时其臂架位于保持基本垂直的塔身的顶部,由动力驱动的回转臂架型起重机。塔式起重机(塔吊、塔机)在建筑工程中应用广泛,主要承担垂直运输和水平运输任务,特别适用于高层建筑的施工。在装配式混凝土结构施工过程中,用于预制构件及材料的装卸和吊装。塔式起重机的构造包括金属结构、工作机构、驱动控制系统和安全防护装置四个部分。

塔式起重机安装完毕后,安装单位应对安装质量进行自检,并应按规定填写自检报告书。安装单位自检合格后,应委托有相应资质的检验检测机构进行检测。检验检测机构应出具检测报告书。经自检、检测合格后,应由总承包单位组织出租、安装、使用、监理等单位进行验收,并应按规定填写验收表,合格后方可使用。

塔式起重机回转、变幅、行走、起吊动作前应示意警示。起吊时,应统一指挥,明确指挥信号;当指挥信号不清楚时,不得起吊。塔式起重机起吊前,当吊物与地面或其他物件之间存在吸附力或摩擦力而未采取处理措施时,不得起吊。塔式起重机不得起吊质量超过额定载荷的吊物,且不得起吊质量不明的吊物。在吊物载荷达到额定载荷的90%时,应先将吊物吊离地面200~500 mm后,检查机械状况、制动性能、物件绑扎情况等,确认无误后方可起吊。对有晃动的物件,必须拴拉溜绳使之稳固。物件起吊时,应绑扎牢固,不得在吊物上堆放或悬挂其他物件;零星材料起吊时,必须用吊笼或钢丝绳绑扎牢固。当吊物上站人时,不得起吊。标有绑扎位置或记号的物件,应按标明位置绑扎。钢丝绳与物件的夹角宜为 45°~60°,且不得小于 30°。吊索与吊物棱角之间应有防护措施;未采取防护措施的,不得起吊。

与现浇混凝土结构相比,装配式混凝土施工最重要的变化是塔式起重机起重量大幅度增加。根据具体工程预制构件质量的不同,起重量一般为 5~14 t。剪力墙工程比框架或筒体工程需要的塔式起重机可以小一些。需根据吊装预制构件质量确定塔式起重机规格、型号。

塔式起重机吊装能力对预制构件质量限制如表 3-1 所示。

表 3-1 塔式起重机吊装能力对预制构件质量限制

型号	可吊预制构件质量(t)	可吊预制构件范围	说明
QTZ80	1.3~8	柱、梁、剪力墙内墙(长度 3 m 以内)、夹心剪力墙板(长度 3 m 以内)、外挂墙板、叠合板、楼梯、阳台板、遮阳板	可吊质量与吊臂工作幅度有关,8 t 工作幅度是在 3 m 处;1.3 t 工作幅度是在 50 m 处
QTZ315	3.2~16	双层柱,夹心剪力墙板(长度 3 m、6 m),较大的外挂墙板,特殊的柱、梁、双莲藕梁、十字莲藕梁	可吊质量与吊臂工作幅度有关,16 t 工作幅度是在 3.1 m 处;3.2 t 工作幅度是在 70 m 处
QTZ560	7.25~25	夹心剪力墙板(6 m 以上)、超大预制板、双 T 板	可吊质量与吊臂工作幅度有关,25 t 工作幅度是在 3.9 m 处;9.5 t 工作幅度是在 60 m 处

2.汽车起重机(见图 3-36)

汽车起重机是指起重作业部分安装在通用或专用的汽车底盘上,具有载重汽车行驶性能的流动式起重机。汽车起重机产品主要分成两大部分:底盘部分和起重机部分。汽车起重机底盘的作用是保证起重机具有行驶功能,能使起重机实现快速的远距离转移。底盘可分为专用底盘和通用底盘两大类。汽车起重机的功能主要体现在起重机部分,因此,其主要性能参数、功能设置、各机构的配置及可靠性是一个产品品牌好坏的重要标志。

图 3-36 汽车起重机

汽车起重机工作的场地应保持平坦坚实,符合起重时的受力要求;起重机械应与沟渠、基坑保持安全距离。起重机械启动前,应将各操纵杆放在空挡位置,手制动器应锁死,应按相关规定启动内燃机。应在怠速运转3~5 min后进行中高速运转,并应在检查各仪表指示值,确认运转正常后接合液压泵,液压达到规定值,油温超过30 ℃时,方可作业。作业前,应全部伸出支腿,调整机体使回转支撑面的倾斜度在无载荷时不大于1/1 000(水准居中)。支腿的定位销必须插上。底盘为弹性悬挂的起重机,插支腿前应先收紧稳定器。当起吊重要物品或吊物达到额定起重量的90%以上时,应检查起重机的稳定性、制动器的可靠性。作业中,应随时观察支腿座下地基,发现地基下沉、塌陷时,应立即停止作业,及时处理。起重作业范围内,严禁无关人员停留或通过。作业中起重臂下严禁站人。同一施工地点两台以上起重机作业时,应保持两机间任何接近部位(包括起重物)的安全距离不得小于2 m。

(二)常用的吊具

吊具或吊索具是起重设备或吊物主体与被吊物体之间的连接件的统称,是起重吊运工具和被吊物品之间起柔性连接作用的工具之一。按行业习惯,一般把用于起重吊运作业的刚性取物装置称为吊具,把系结物品的挠性工具称为索具或吊索。预制构件吊装必须使用专用的吊具进行吊装作业,一般需配备吊索、卸扣、钢制吊具、专用吊扣等。

1.吊装吊具的基本要求

(1)吊装吊具设计时,首先要对预制构件的几何尺寸、单个质量、吊点设置部位精确掌握,对柱、梁、板、墙、楼梯、楼梯休息平台、阳台等构件设计专用或通用的构件吊具。

(2)吊索与吊具、构件的水平夹角不宜小于60°,不应小于45°;梁式吊具与构件之间采用吊索连接时,吊索与构件的角度宜为90°;架式吊具与构件之间采用吊索连接时,吊索与构件的水平夹角应大于60°。

(3)钢丝绳吊索宜采用压扣形式制作。

(4)卸扣原则上应选用标准产品,对新技术、新产品应进行试验验证后选用。

(5)所有吊索、卸扣都须有产品检验报告、合格证,并挂设标牌。

(6)所有钢制吊具必须经专业检测单位进行探伤检测,合格后方可使用。

2.常用的吊具类型

(1)点式吊具:点式吊具实际就是单根吊索或几根吊索吊装同一构件的吊具。

(2)梁式吊具(一字形吊具):采用型钢制作并带有多个吊点的吊具,通常用于吊装线形构件(如梁、墙板等)或用于柱安装。

(3)架式吊具(平面式吊具):对于平面面积较大、厚度较薄的构件,以及形状特殊无法用点式或梁式吊具吊装的构件(如叠合板、异形构件等),通常采用架式吊具。

(4)特殊吊具:为特殊构件量身定做的吊具。

3.预制柱用吊具

预制柱用吊具分为点式吊具、梁式吊具和特殊吊具。

(1)柱在装卸车、现场移位、水平吊装起吊翻转、垂直起吊安装时,均可使用点式吊具。

(2)如果柱的断面尺寸大且较重(按经验一般为 5 t 以上),为避免点式吊具在使用时钢丝绳与柱平面的斜角改变吊钉的受力方向,使吊钉变形或折断而产生安全隐患,可采用短梁式吊具,以保证吊索与柱垂直受力,提高安全系数。

(3)特殊吊具是为特殊形式的柱而量身定做的专用吊具。如果柱结构形式特殊(如异形、长细比大于 30 等)、柱重心偏离、柱端不具备预埋吊点条件等,需要根据其受力特点,针对性地设计满足承载力要求、固定安全可靠、拆装方便的专用吊具。特殊吊具应进行结构设计,进行专门的受力分析和强度、刚度验算,有相应的说明书和作业指导书,作业前需要对操作人员进行培训,禁止使用专用吊具吊装非设计范围内的其他预制构件。

点式吊具垂直起吊安装如图 3-37 所示。

图 3-37　点式吊具垂直起吊安装

4.预制墙板用吊具

预制墙板的安装应根据其质量大小、平面形状(一字形或 L 形)、重心位置等,可相应地选用点式吊具、梁式吊具和平面架式吊具。

(1)如墙板预埋吊点(预埋螺母)为两组,每组为相邻的两个(一般为相对体积小、质量小的预制构件),可采用定制双腿吊具。用 8.8 级以上高强螺栓固定在吊点上,再配合点式吊具进行吊装作业。如预埋吊点为吊环式,则可直接用卸扣连接点式吊具进行吊装作业。

(2)如预制构件较重或预制构件较长,预埋吊点在 3 个以上或物件有偏心,则须选用梁式吊具。梁式吊具由专业工厂制作,出厂时合格证上注明的允许荷载必须与梁体的标注限额一致,使用时不允许超出限重。吊装时,调整梁式吊具底部悬挂吊索的吊点位置,使其与预制构件连接的吊索垂直,墙板上的预埋吊点或吊环必须全部连接吊索,以保证其受力均匀。

(3)L 形外墙板的吊装,一般采用平面架式吊具,以保证所吊装墙板的平衡及稳定性,方便安装。

点式吊具吊装墙板如图 3-38 所示,墙板用平面架式吊具吊装如图 3-39 所示,墙板用梁式吊具吊装如图 3-40 所示。

图 3-38　点式吊具吊装墙板

图 3-39　墙板用平面架式吊具吊装

图 3-40　墙板用梁式吊具吊装

5.预制梁用吊具

预制梁根据质量及形状等的不同,吊装时可采用点式吊具或梁式吊具。

(1)一般质量不超过 3 t,设计为两个吊点的小型梁,可采用点式吊具吊装。

(2)3 t 以上的梁或 3 个以上吊点的梁,宜采用梁式吊具进行吊装。吊装时,调整梁式吊具底部悬挂吊索的吊点位置,使其与预制梁连接的吊索垂直、等长,预制的预埋吊点或吊环必须全部连接吊索,以保证其受力均匀,保证梁在起吊过程中不变形且保证安全。梁式吊具在满足承载力要求的范围内,可以与墙板或其他一字形预制构件通用。

梁用梁式吊具吊装如图 3-41 所示。

图 3-41　梁用梁式吊具吊装

6.预制叠合楼板用吊具

预制叠合楼板的特点是面积较大、厚度较薄,一般为 60~80 mm,所以应采用多点式吊装,也可采用平面架式吊具或梁式吊具吊装。

叠合楼板用平面架式吊具吊装如图 3-42 所示。

图 3-42　叠合楼板用平面架式吊具吊装

7.预制楼梯用吊具

预制楼梯吊装可采用点式吊具或平面架式吊具。用两组不同长度的吊索调整楼梯的平衡与高差,也可以使用两个倒链与两根吊索配合,调整高差。

预制楼梯用平面架式吊具吊装如图 3-43 所示。

图 3-43　预制楼梯用平面架式吊具吊装

8.常用的吊索

预制构件吊装所用吊索一般为钢丝绳或链条吊索,可根据现场条件及所吊预制构件的特点进行选择。

1)钢丝绳

钢丝绳是由高强碳素钢丝先捻成股,再由几个钢丝股绕绳芯控制成绳索的。钢丝绳具有强度高、自重轻、柔韧性好、耐冲击、安全可靠(破坏有前兆,总是从断丝开始,极少出现整根绳突然断裂),是预制构件吊装最常用的吊索。

钢丝绳作吊索时,其安全系数不得小于 6 倍。吊索必须由整根钢丝绳制成,中间不得有接头。环形吊索应只允许有一处接头。钢丝绳严禁采用打结方式系结吊物。钢丝绳使用中不得与棱角及锋利物体接触,捆绑时应垫以圆滑物件保护。钢丝绳不得成锐角折曲、扭结,不得因受夹、受砸而成扁平状,当钢丝绳有断股、松散、扭结时不得使用。钢丝绳在使用过程中应定期检查、保养,当钢丝绳出现磨损、锈蚀、断丝、电弧伤害时,应按现行国家标准《起重机 钢丝绳 保养、维护、检验和报废》(GB/T 5972)的规定执行。

压制钢丝绳索具如图3-44所示。

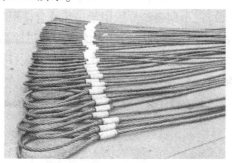

图3-44 压制钢丝绳索具

2)链条吊索

链条吊索是以金属链环连接而成的索具,按照其形式主要有焊接和组装两种,按其构造有单肢和多肢等,采用优质合金钢制作,其突出特点是耐磨、耐高温、延展性低、受力后不会伸长等。

链条吊索在使用前,需看清标牌上的工作载荷及适用范围,严禁超载使用,并对链条吊索进行目测检查,符合后方可使用。链条之间禁止采用非正规连接件连接。承载链条吊索禁止直接挂在起重机吊钩的构件上或缠绕在吊钩上。链条吊索环绕被吊物时棱角处加衬垫,以防圆环链及被吊物损坏。链环之间禁止扭转、扭曲、打结,相邻链环活动应灵活。起吊物时,升、降、停要缓慢平衡,避免冲击载荷,不得长时间将重物悬挂在吊链上。吊具没有适宜吊钩、吊耳、吊环螺栓等连接件时,单肢和多肢链条吊索均可采用捆绑式结索法。

常见吊具如图3-45所示。

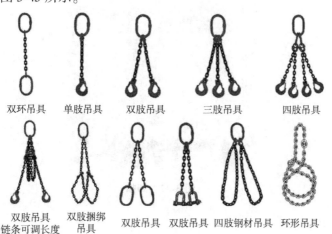

双环吊具　单肢吊具　双肢吊具　三肢吊具　四肢吊具

双肢吊具　双肢捆绑　双肢吊具　双肢吊具　四肢钢材吊具　环形吊具
链条可调长度　吊具

图3-45 常见吊具

9.常用的索具

吊装作业时,索具与吊索配套使用。预制构件安装中常用的索具有吊钩、卸扣、普通吊环、旋转吊环、强力环、定制专用索具及吊装带等。

1)吊钩

吊钩常借助滑轮组等部件悬挂在起升机构的钢丝绳上。在预制构件吊装中,大型吊钩(80 t 以下)通常用于起重设备,小型吊钩一般用于吊装叠合楼板等。吊钩严禁补焊,有下列情况之一的应予以报废:表面有裂纹;挂绳处截面磨损量超过原高度的 10%;钩尾和螺纹部分等危险截面及钩筋有永久性变形;开口度比原尺寸增加 15%;钩身的扭转角超过 10°。

羊角形吊钩如图 3-46 所示。

图 3-46　羊角形吊钩

2)卸扣(见图 3-47)

卸扣是吊点与吊索的连接工具,可用于吊索与梁式吊具或架式吊具的连接,以及吊索与预制构件的连接。它拆卸方便、安装牢固,目前在吊索、吊具中使用很普遍。使用卸扣时,必须注意其受力方向。正确的安装方式是力的作用点在卸扣本身的弯曲部分和横销上;否则,作用力会使卸扣本体的开口扩大,横销的螺纹可能会因此损坏。当卸扣任何部位产生裂纹、塑性变形、螺纹脱扣,以及销轴和扣体断面磨损达原尺寸的 3%~5% 时,应报废。

图 3-47　卸扣

3)吊环(见图 3-48)

吊环一般是作为吊索、吊具钩挂至吊钩的端部件,种类有圆吊环、梨吊环、长吊环及组合吊环。组合吊环是由一个主吊环和两个或多个中间环组成。和所有整体锻造或焊接金属件一样,其内部缺陷是不易用肉眼发现的。因此,要对其进行定期的探伤检查,有隐患的吊环是严禁继续使用的。

图 3-48　吊环

4)强力环(见图 3-49)

强力环又称为模锻强力环、兰姆环、锻打强力环,是一种索具配件。强力环在使用过程中出现以下几种情况时应停止使用:强力环扭曲变形超过 10°;强力环表面出现裂纹;强力环本体磨损超过 10%。

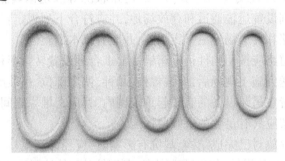

图 3-49　强力环

5)定制专用索具

根据预制构件结构及受力特点,可针对性设计合理的索具。如直接用于固定在预制构件吊点上的绳索吊钉,用高强螺栓固定在预制构件吊点上的专用索具等。设计的索具必须经过受力分析或破坏性拉断试验,使用时,按经验一般取 5 倍以上的安全系数。定制的专用索具在使用时,如有发现变形或焊缝开裂等现象,必须予以更换。

6)吊装带(见图 3-50)

吊装带一般采用高强力聚酯长丝制作,具有强度高、耐磨损、抗氧化、抗紫外线等多重优点,同时质地柔软,不导电,无腐蚀(对人体无任何伤害),因此被广泛应用。吊装带的种类很多,按吊带外观可分为环形穿芯、环形扁平、双眼穿芯、双眼扁平四类。

吊装时,正确的使用吊装带连接方式。吊装带在安全方式下正确地安置、连接负载,必须安放吊装带在负载上,以便负载能够均衡地作用吊索的宽度;始终不能打结或扭曲,吊索缝合部位不能放置在吊钩或起重设备上,并且总是放在吊索的直立部分,通过远离负载、吊钩和锁紧角度来防止标签的损伤。

图 3-50　吊装带

二、预制构件的安装准备工作

装配式混凝土结构施工应制订专项方案。专项施工方案宜包括工程概况、编制依据、进度计划、施工场地布置、预制构件运输与存放、安装与连接施工、绿色施工、安全管理、质量管理、信息化管理、应急预案等内容。

(1)安装施工前,应核实现场环境、天气、道路状况等满足吊装施工要求。施工现场应根据施工平面规划设置运输通道和存放场地,并应符合下列规定:

①现场运输道路和存放场地应坚实平整,并应有排水措施。

②施工现场内道路应按照构件运输车辆的要求合理设置转弯半径及道路坡度。

③预制构件运送到施工现场后,应按规格、品种、使用部位、吊装顺序分别设置存放场地。存放场地应设置在吊装设备的有效起重范围内,且应在堆垛之间设置通道。

④构件的存放架应具有足够的抗倾覆性能。

⑤构件运输和存放对已完成结构、基坑有影响时,应经计算复核。

(2)构件安装前,应按设计要求对预制构件、预埋件及配件的型号、规格、数量等进行检查。

(3)安装施工前,应核对已施工完成结构、基础的外观质量和尺寸偏差,确认混凝土强度和预留预埋符合设计要求,并应核对预制构件的混凝土强度及预制构件和配件的型号、规格、数量等符合设计要求。

(4)安装施工前,应复核吊装设备的吊装能力。应按现行行业标准《建筑机械使用安全技术规程》(JG/J 33)的有关规定,检查复核吊装设备及吊具是否处于安全操作状态,并核实现场环境、天气、道路状况等是否满足吊装施工要求。防护系统应按照施工方案进行搭设、验收。

(5)安装施工前,应进行测量放线、设置构件安装定位标识。具体要求如下:

①吊装前,应在构件和相应的支撑结构上设置中心线和标高,并应按设计要求校核预埋件及连接钢筋等的数量、位置、尺寸和标高。

②每层楼面轴线垂直控制点不宜少于4个,楼层上的控制线应由底层向上传递引测。

③每个楼层应设置1个高程引测控制点。

④预制构件安装位置线应由控制线引出,每件预制构件应设置两条安装位置线。

⑤柱子安装前,在柱底部往上100 mm处出标高控制线。各层柱子安装分别要测放

轴线、边线,安装控制线。每层柱子安装要在柱子根部的两个方向标记中心线,安装时使其与轴线吻合。

⑥梁安装前,在梁端(或底部)弹出中心线。在校正加固完的墙板或柱子上标出梁底标高、梁边线,或在地面上测放梁的投影线。

⑦预制墙板安装前,应在墙板上的内侧弹出竖向与水平安装线,竖向与水平安装线应与楼层安装位置线相符合。采用饰面砖装饰时,相邻板与板之间的饰面砖缝应对齐。预制墙板垂直度测量,宜在构件上设置用于垂直度测量的控制点。在水平和竖向构件上安装预制墙板时,标高控制宜采用放置垫块的方法或在构件上设置标高调节件。

⑧楼板安装前,依据轴线和控制网线分别引出控制线。在校正完的墙板或梁上弹出标高控制线。每块楼板要有两个方向的控制线。在梁上或墙板上标识出楼板的位置。

⑨预制空调板、阳台板、楼梯控制线依次由轴线控制,每块预制构件均有纵、横两条控制线。

预制柱放线如图 3-51 所示,预制墙板放线如图 3-52 所示。

(6)装配式结构施工前,宜选择有代表性的单元进行预制构件试安装,并应根据试安装结果及时调整、完善施工方案和施工工艺。

图 3-51　预制柱放线

图 3-52　预制墙板放线

三、预制构件安装

(一)预制构件安装的基本要求

(1)装配式混凝土建筑应结合设计、生产、装配一体化的原则进行整体策划,协同建筑、结构、机电、装饰装修等专业要求,制定施工组织设计。

(2)施工单位应根据装配式混凝土建筑工程特点配置项目机构和人员。施工作业人员应具备岗位需要的基础知识和技能,施工单位应对管理人员、施工作业人员进行质量、安全技术交底。

（3）装配式混凝土建筑施工宜采用工具化、标准化的工装系统。

（4）装配式混凝土建筑施工宜采用建筑信息模型技术对施工全过程及关键工艺进行信息化模拟。

（5）装配式混凝土建筑施工中采用的新技术、新工艺、新材料、新设备，应按有关规定进行评审、备案。施工前，应对新的或首次采用的施工工艺进行评价，并应制订专门的施工方案。施工方案经监理单位审核批准后实施。

（6）装配式混凝土建筑施工过程中应采取安全措施，并应符合国家现行有关标准的规定。

（7）预制构件吊装就位后，应及时校准并采取临时固定措施。预制构件就位校核与调整应符合下列规定：

①预制墙板、预制柱等竖向构件安装后，应对安装位置、安装标高、垂直度进行校核与调整。

②叠合构件、预制梁等水平构件安装后，应对安装位置、安装标高进行校核与调整。

③水平构件安装后，应对相邻预制构件平整度、高低差、拼缝尺寸进行校核与调整。

④装饰类构件应对装饰面的完整性进行校核与调整。

⑤临时固定措施、临时支撑系统应具有足够的强度、刚度和整体稳固性，应按现行国家标准《混凝土结构工程施工规范》（GB 50666）的有关规定进行验算。

（8）预制构件与吊具的分离应在校准定位及临时支撑安装完成后进行。

（9）竖向预制构件安装采用临时支撑时，应符合下列规定：

①预制构件的临时支撑不宜少于2道。

②对预制柱、墙板构件的上部斜支撑，其支撑点距离板底的距离不宜小于构件高度的2/3，且不应小于构件高度的1/2；斜支撑应与构件可靠连接。

③构件安装就位后，可通过临时支撑对构件的位置和垂直度进行微调。

（10）水平预制构件安装采用临时支撑时，应符合下列规定：

①首层支撑架体的地基应平整坚实，宜采取硬化措施。

②临时支撑的间距及其与墙、柱、梁边的净距应经设计计算确定，竖向连续支撑层数不宜少于2层且上下层支撑宜对准。

③叠合板预制底板下部支架宜选用定型独立钢支柱，竖向支撑间距应经计算确定。

竖向预制构件主要包括预制墙板、预制柱，对于预制墙板，临时斜撑一般安放在其背面，且一般不宜少于2道。当墙板底没有水平约束时，墙板的每道临时支撑包括上部斜撑和下部支撑，下部支撑可做成水平支撑或斜向支撑。对于预制柱，由于其底部纵向钢筋可以起到水平约束的作用，因此一般仅设置上部斜撑。柱子的斜撑不应少于2道，且应设置在两个相邻的侧面上，水平投影相互垂直。临时斜撑与预制构件一般做成铰接并通过预埋件进行连接。考虑到临时斜撑主要承受的是水平荷载，为充分发挥其作用，对上部的斜撑，其支撑点距离板底的距离不宜小于板高的2/3，且不应小于板高的1/2。斜支撑与地面或楼面连接应可靠，不得出现连接松动，以免引起竖向预制构件倾覆等。

预制构件安装过程中，应根据水准点和轴线校正位置，安装就位后应及时采取临时固定措施。预制构件与吊具的分离应在校准定位及临时固定措施安装完成后进行。临时固定措施的拆除应在装配式结构能达到后续施工承载要求后进行。竖向构件的临时支撑体系如图 3-53、图 3-54 所示,水平构件的临时支撑体系如图 3-55、图 3-56、图 3-57 所示。

图 3-53　预制墙板的上部斜撑和下部支撑

图 3-54　预制墙板的临时斜撑

图 3-55　水平构件临时支撑体系

图 3-56　水平构件临时支撑体系

图 3-57　水平构件临时支撑体系

(二) 预制柱的安装

预制柱的安装基本顺序是:基层处理→测量放线、确认高程→预制柱吊装并就位→安装临时支撑→预制柱位置标高调整→临时支撑固定→摘钩并完成吊装。

1.基层处理

在预制柱正式吊装前,应对构件进行清理,除去预制柱表面的混凝土渣及浮灰,重点对灌浆套筒内的混凝土浮灰及残渣进行清理,并检查灌浆孔及出浆孔的状态。基层处理如图 3-58、图 3-59 所示。

图-58　清除混凝土渣及浮灰后的预制柱表面　　图 3-59　高压水枪清理灌浆套筒

2.测量放线、确认高程

在作业层混凝土顶板上,弹设控制线,以便预制柱安装就位,控制线的弹设主要根据预制构件施工图及轴线控制点;根据轴线测放预制柱外边线及控制线,控制线距外边线的距离宜为 200 mm。定位测量完成后,进行柱底标高测量,根据现浇部位顶标高与设计标高比对后,对柱底部位安置垫片。预制柱的柱边线和控制线如图 3-60 所示。

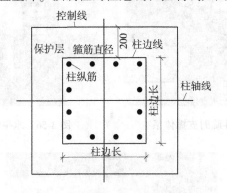

图 3-60　预制柱的柱边线和控制线

3.预制柱吊装并就位

1)试吊

根据预制柱的质量及吊点类型,选择适宜的吊具,在正式吊装之前,进行试吊。试吊高度不得大于 1 m,试吊过程主要检测吊钩与构件、吊钩与钢丝绳、钢丝绳与吊梁、吊架之间连接是否可靠,确认各连接满足要求后方可正式起吊。

2)正式起吊

构件吊装至施工操作层时,操作人员应站在楼层内,佩戴穿芯自锁保险带(保险带应与楼面内预埋钢筋环扣牢),用专用钩子将构件上系扣的缆风绳勾至楼层内;吊运构件时,下方严禁站人,必须待吊物降落离地 1 m 以内,方准靠近,在距离楼面约 0.5 m 时停止降落。

3)下层竖向钢筋对孔

预制柱吊装高度接近安装部位约 0.5 m 处,安装人员手扶构件引导就位,就位过程中构件须慢慢下落、平稳就位,预制柱的套筒(或浆锚孔)对准下部伸出钢筋。

4)起吊、翻转

柱起吊、翻转过程中,应做好柱底混凝土成品保护工作,可采用垫黄砂或橡胶软垫的办法。

5）预制柱就位

预制柱就位前,应预先设置柱底抄平垫块,弹出相关安装控制线,控制预制柱的安装尺寸。通常,预制柱就位控制线为轴线和外轮廓线,对于边柱和角柱应以外轮廓线控制为准。

吊装预制节段柱如图 3-61 所示。预制柱吊装、翻转如图 3-62 所示。预制柱吊装及安装就位如图 3-63 所示。

图 3-61　吊装预制节段柱

图 3-62　预制柱吊装、翻转

图 3-63　预制柱吊装及安装就位

4.安装临时支撑

预制柱安装就位后,应在两个方向设置可调斜撑做临时固定。沿柱体 2 个垂直面上下放置 2 道长短斜支撑,分别与预制空心柱模壳预埋螺母及楼板连接。预制柱的长短斜支撑示意图如图 3-64 所示。

图 3-64　预制柱的长短斜支撑示意图

5.预制柱位置标高调整

预制柱吊装就位后,利用撬棍进行标高、垂直度、扭转调整和控制,调整过程中应注意保护预制柱。

6.临时支撑固定

预制柱吊装到位后,应在两个方向设置可调节临时固定措施,并应进行垂直度、扭转调整。及时将斜撑固定在柱及楼板预埋件上,最少需要在柱的两面设置斜撑,然后对柱的垂直度进行复核,同时通过可调节长度的斜撑进行垂直度调整,直至垂直度满足要求。预制柱的临时斜支撑如图 3-65 所示。

图 3-65　预制柱的临时斜支撑

7.摘钩并完成吊装

预制柱吊装就位,支撑固定牢固后,吊装吊具须摘除,保证构件的稳定安全之后再进行后续工序施工。预制柱宜按照角柱、边柱、中柱顺序进行安装,与现浇部分连接的柱宜先行吊装。采用灌浆套筒连接的预制柱调整就位后,柱脚连接部位宜采用模板封堵。预制柱吊装就位如图 3-66、图 3-67 所示。

图 3-66　预制柱与预制梁的吊装就位

图 3-67　上层预制柱和下层预制柱的吊装就位

(三)预制墙板的安装

预制墙板的安装基本顺序是:基层处理→测量放线定位→预制墙板吊装并就位→安装临时支撑→预制墙板位置标高调整→临时支撑固定→摘钩并完成吊装。

1.基层处理

预制墙板吊装就位之前,要将墙板下面的板面和钢筋表面清理干净,不得留有混凝土残渣、油污及灰尘等。

2.测量放线定位

根据定位轴线,在已施工完成的楼层板面上放出预制墙体定位边线及 200 mm 控制线,并做好 200 mm 控制线的标识,在预制墙体上弹出 1 000 mm 水平控制线。标高控制垫片设置在剪力墙板下面,每块剪力墙板在两端角部下面通常设置 2 点,位置均在距离剪力墙板外边缘 20 mm 处,垫片要提前用水平仪测量好标高,标高以本层板面的设计结构标高+20 mm 为准,如果过高或过低,可通过调整垫片数量进行调节,至达到要求为止。

3.预制墙板吊装并就位

1)吊装准备

预制墙板吊装前,用卸扣将钢丝绳与外墙板上端的预埋吊环连接,确认连接紧固后,在板的下端放置两块 100 m×1 000 mm×100 mm 的海绵胶垫,防止板起吊离地时边角被撞坏。注意在起吊过程中,板面不得与堆放架发生碰撞。吊装前,应在上一层墙板沿外侧粘贴海绵条。

2)试吊

用塔式起重机将预制墙板缓缓吊起,待墙板的底边升至距地面 50 cm 时略做停顿,再次检查墙板吊挂是否牢固,板面有无污染破损,若有问题立即处理。确认无误后,继续提升使之慢慢靠近安装作业面。

3)正式起吊及定位

剪力墙板在距安装位置上方 60 cm 高左右略做停顿,施工人员可以手扶剪力墙板,控制剪力墙板下落方向,剪力墙板在此缓慢下降。待到距预埋钢筋顶部 20 mm 处,利用反光镜进行钢筋与套用筒的对位,剪力墙板底部套筒位置与地面预埋钢筋位置对准后,将剪力墙板缓慢下降,使之平稳就位。

预制墙板起吊如图 3-68 所示,预制墙板的定位如图 3-69 所示。

图 3-68　预制墙板起吊　　　　　　图 3-69　预制墙板的定位

预制墙板就位如图 3-70 所示。

图 3-70 预制墙板就位

预留插筋对孔如图 3-71 所示。

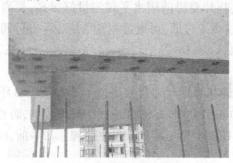

图 3-71 预留插筋对孔

4.安装临时支撑

装配体系预制墙板(内墙板、外墙板)临时固定措施为长、短斜向支撑各两道。安装时,先安装一侧长支撑,然后安装同侧短支撑;再安装另外一侧长短支撑。用 M18 螺栓将斜支撑的一端固定在墙板 2/3 高度位置的预埋件上,另一端固定在底板上,斜支撑与楼面的水平夹角不应小于 60°。四块支撑全部拧紧后,拆除吊钩和揽风绳。斜支撑一方面用来矫直墙板,另一方面在浇筑混凝土时起到固定作用。

预制墙板的临时支撑示意图如图 3-72 所示。

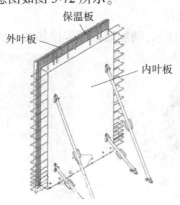

图 3-72 预制墙板的临时支撑示意图

5.预制墙板位置标高调整

预制墙体垂直度、轴线位置通过转动可调式斜支撑进行微调,直至竖向构件垂直;用2 m长靠尺、塞尺、对相邻墙体间平整度进行校正,确保墙体轴线、墙面平整度满足质量要求,外墙企口缝要求接缝平直。墙体标高通过墙体500 mm线与室内500 mm线对比调节。吊装之前在室内架设激光扫平仪,扫平标高为500 mm,墙体定位完成缓慢降落过程中通过激光线与墙体500 mm控制线进行校核,墙体下部通过调节钢垫片进行标高调节,直至激光线与墙体500 mm控制线完全重合。按吊装流程对照轴线、墙板控制线逐块就位设置墙板与楼板限位装置。

6.临时支撑固定

安装就位后,应设置可调斜撑临时固定,测量预制墙板的水平位置、垂直度、高度等,通过墙底垫片、临时斜支撑进行调整。调整短支撑以调整墙板位置,调整长支撑以调整墙板垂直度,用撬棍拨动墙板,用铅锤、靠尺校正墙板的位置和垂直度,并随时用检测尺进行检查。经检查,预制墙板水平定位、标高及垂直度调整准确无误后,紧固斜向支撑,卸去吊索卡环。预制墙板的可调斜撑临时固定如图3-73所示。

图3-73 预制墙板的可调斜撑临时固定

7.摘钩并完成吊装

剪力墙板底部准确就位后,摘除吊钩。与现浇部分连接的墙板宜先行吊装,其他宜按照外墙先行吊装的原则进行吊装;采用灌浆套筒连接、浆锚搭接连接的夹芯保温外墙板应在保温材料部位采用弹性密封材料进行封堵;采用灌浆套筒连接、浆锚搭接连接的墙板需要分仓灌浆时,应采用坐浆料进行分仓;多层剪力墙采用坐浆时,应均匀铺设坐浆料,坐浆料强度应满足设计要求。预制墙板调整就位后,墙底部连接部位宜采用模板封堵;叠合墙板安装就位后,进行叠合墙板拼缝处附加钢筋安装,附加钢筋应与现浇段钢筋网交叉点全部绑扎牢固。

预制剪力墙底部灌浆如图3-74所示。

图3-74 预制剪力墙底部灌浆

多层剪力墙的坐浆示意图如图 3-75 所示。

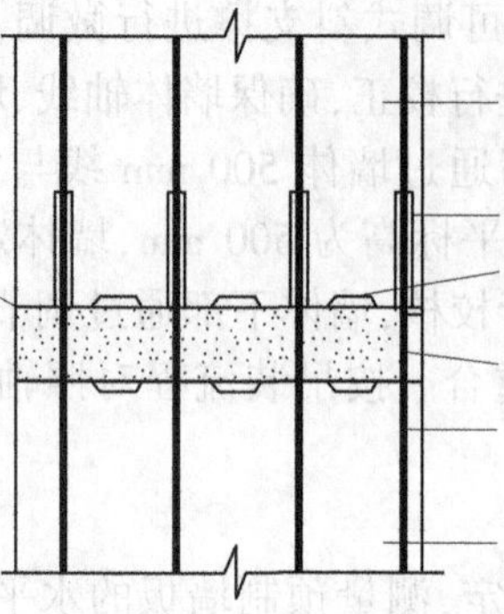
预制墙体
浆锚套筒连接或浆锚搭接连接
坐浆
键槽或粗糙面
现浇圈梁
竖向连接筋
预制墙体

图 3-75　多层剪力墙的坐浆示意图

(四)预制叠合梁的安装

预制叠合梁安装的基本顺序是:基层处理→测量放线定位→安装临时支撑→临时支撑固定→预制叠合梁吊装并就位→预制叠合梁位置标高调整→摘钩并完成吊装。

1.基层处理

楼面混凝土达到强度后,要清理楼面。

2.测量放线定位

根据结构平面布置图,放出定位轴线及子叠合梁定位控制边线,做好控制线标识。

3.安装临时支撑

叠合梁支撑架体宜采用可调式独立钢支撑。可调式独立钢支撑包括独立钢支撑、铝合金工字梁,独立钢支撑与铝合金工字梁之间应采取可靠方式连接。采用装配式结构独立钢支撑的高度不宜大于 4 m。当支撑高度大于 4 m 时,宜采用满堂钢管支撑脚手架。叠合梁独立钢支撑如图 3-76 所示。

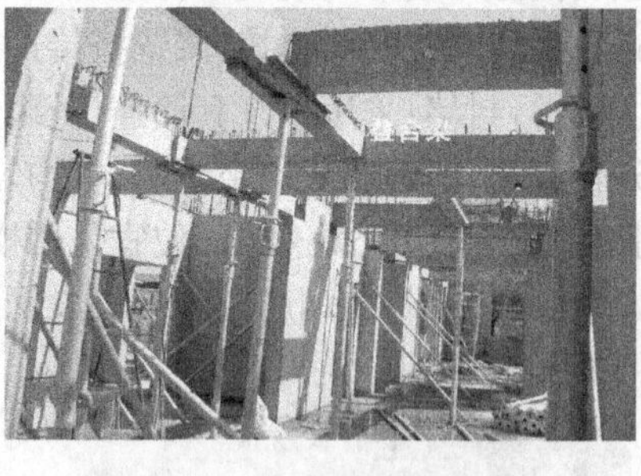
叠合梁

图 3-76　叠合梁独立钢支撑

4.临时支撑固定

叠合梁安装前,应测量并修正临时支撑标高,确保与梁底标高一致,并在柱上弹出梁边控制线;安装后,根据控制线进行精密调整。叠合梁的临时支撑,应在后浇混凝土强度达到设计要求后方可拆除。

5.预制叠合梁吊装并就位

支撑体系搭设完毕后,应按照图纸上的规定或施工方案中所确定的吊点位置,进行吊钩和绳索的安装连接。注意吊绳的夹角不得小于45°。如使用吊环起吊,必须同时拴好保险绳。当采用兜底吊运时,必须用卡环卡牢。挂好钩绳后缓缓提升,绷紧钩绳,离地500 mm 左右时停止上升,认真检查吊具是否牢固,拴挂是否安全可靠,确认后方可吊运就位。安装顺序宜遵循先主梁后次梁、先低后高的原则。

叠合梁的吊装如图 3-77 所示,叠合梁的就位如图 3-78 所示。

图 3-77　叠合梁的吊装　　　　　图 3-78　叠合梁的就位

6.预制叠合梁位置标高调整

预制叠合梁初步就位后,借助柱头上的梁端定位线将梁精确校正,在调平的同时将下部可调支撑上紧。预制叠合梁的标高控制通过支撑体调整顶丝螺母实现。根据预制墙体上弹出的水平控制线及竖向楼板定位控制线,校核预制叠合梁水平位置及竖向标高情况(见图 3-79)。通过调节竖向独立支撑,确保预制叠合梁满足设计标高及质量控制要求;通过撬棍调节预制叠合梁水平定位,确保预制叠合梁满足设计图纸水平定位及质量控制要求。

图 3-79　校核预制叠合梁底标高

调节螺母调整叠合梁高度如图 3-80 所示。

图 3-80　调节螺母调整叠合梁高度

7.摘钩并完成吊装

(1)检查预制叠合梁有无向外偏移倾斜的情况,观察标高是否发生变化,如有变化要调整过来;梁底支撑和夹具受力情况是否良好,构件安装牢靠后方可取钩。

(2)预制次梁与预制主梁之间的凹槽应在预制叠合板安装完成后采用不低于预制梁混凝土强度等级的材料填实。

(五)预制叠合板的安装

预制叠合板的安装基本顺序是:基层处理→测量放线定位→安装临时支撑→预制叠合板吊装并就位→预制叠合板位置标高调整→摘钩并完成吊装。

1.基层处理

测量放线前,应将基层面清理干净。

2.测量放线定位

(1)按照施工方案放出独立支架位置线,在下一层楼板位置弹出预制叠合板位置线。

(2)在剪力墙面上弹出+1 m线,墙顶弹出预制叠合板安放位置线,并做出明显标志,以控制预制叠合板安装标高和平面位置。

(3)预制叠合板区域现浇混凝土墙体时,要求墙混凝土高度超出预制叠合板标高10~20 mm,根据预制叠合板位置及标高控制线,采用无缝切割机切割平齐,保证预制叠合板放置部位平顺。

3.安装临时支撑

(1)叠合板预制底板下部支架宜选用定型独立钢支柱,竖向支撑间距应经计算确定。根据临时支撑平面布置图,在叠合板构件吊装就位时安装临时支撑,上、下层临时支撑要在同一位置。

(2)临时支撑的间距及其与墙、柱、梁边的净距应经设计计算确定,竖向连续支撑层数不宜少于2层且上、下层支撑宜对准。

叠合板底部支撑如图 3-81 所示。

图 3-81 叠合板底部支撑

4.预制叠合板吊装并就位

1)吊装准备

预制叠合板起吊时,要尽可能减小预制叠合板因自重产生的弯矩。使用钢扁担吊装架进行吊装时,4 个吊点应均匀受力,保证构件平稳吊装。每块预制叠合板须设 4 个起吊点,吊点位置在预制叠合楼板中格构梁上弦与腹筋交接处或预制叠合板本身设计吊环,具体的吊点位置需由设计人员确定。

2)试吊

吊装时,应先将水平构件吊离地面约500 mm,检查吊索是否有歪扭或卡死现象及各吊索受力均匀情况,叠合板构件在安装位置接近1 000 mm时,用手将构件扶稳后缓慢下降就位。

3)正式起吊及定位

就位时,预制叠合板要垂直从上向下安装,在作业层上方20 cm处略停顿,施工人员手扶预制叠合板,调整方向,将板的边线与墙上的安放位置线对准,注意避免预制叠合板上的预留钢筋与墙体钢筋"打架"。放下时,要平稳慢放,严禁快速猛放,以免冲击力过大造成板面振折产生裂缝。5级风以上时,应停止吊装。叠合板的吊装如图3-82所示。

图3-82 叠合板的吊装

5.预制叠合板位置标高调整

调整预制叠合板位置时,要垫小木块,不得直接使用撬棍,以免损坏板的边角,并保证板的搁置长度,其允许偏差不大于5 mm。板安装完成后,进行标高校核,调节板下的可调支撑。叠合板位置标高调整如图3-83所示。

图3-83 叠合板位置标高调整

6.摘钩并完成吊装

预制底板吊装完成后,应对板底接缝高差进行校核;当叠合板板底接缝高差不满足设计要求时,应将构件重新起吊,通过可调托座进行调节。相邻叠合楼板间拼缝可采用干硬性防水砂浆塞缝,大于30 mm的拼缝,应采用防水细石混凝土填实。临时支撑应在后浇混凝土强度达到设计要求后方可拆除。叠合板吊装就位如图 3-84 所示。

图 3-84　叠合板吊装就位

(六) 预制楼梯的安装

(1) 根据施工图纸,弹出楼梯安装控制线,对控制线及标高进行复核。楼梯侧面距结构墙体预留 20 mm 空隙(具体根据工程施工图进行预留),为后续装修的抹灰层预留空间;梯井之间根据楼梯栏杆安装要求预留空隙。同时,在梯梁面放置钢垫片,并铺设细石混凝土找平。检查竖向连接钢筋,针对偏位钢筋进行校正。预制楼梯构件吊装前,检查预埋套筒螺丝位置、丝扣完整度、单件质量、编号等。

(2) 吊环螺钉与预埋套筒拧紧,调整吊索的长度,确保在起吊过程中预制梯段休息平台与保持水平状态;采用可调试横吊梁均衡起吊就位,吊点必须在 4 个或以上。预制楼梯吊装时,由于楼梯自身抗弯刚度能够满足吊运要求,因此预制楼梯采用常规方式吊运,即用长短钢丝绳或吊索,吊装之前提前根据楼梯深化设计情况计算相应的钢丝绳或吊索长度。为了保证预制楼梯准确安装就位,需控制楼梯两端吊索长度,要求楼梯两端部同时降落至休息平台上。

(3) 预制楼梯采用预留锚固钢筋方式时,应先放置预制楼梯,再与现浇梁或板浇筑连接成整体。

(4) 预制楼梯与现浇梁或板之间采用预埋件焊接连接方式时,应先施工现浇梁或板,再搁置预制楼梯进行焊接连接。

(5) 框架结构预制楼梯吊点可设置在预制楼梯板侧面,剪力墙结构预制楼梯吊点可设置在预制楼梯板面。

(6) 预制楼梯安装时,上下预制楼梯应保持通直。

预制楼梯的吊装如图 3-85 所示,预制楼梯的就位如图 3-86 所示。

图 3-85　预制楼梯的吊装

图 3-86　预制楼梯的就位

四、预制构件连接

预制构件连接是装配式混凝土建筑最关键的环节,也是为保证结构安全需要重点监理的环节。装配式混凝土建筑的连接方式主要分为两类:湿连接和干连接。湿连接是用混凝土或水泥基浆料与钢筋结合形成的连接,如套筒灌浆、浆锚搭接和后浇混凝土等,适用于装配整体式混凝土建筑的连接;干连接主要借助于金属连接,如螺栓连接、焊接等,适用于全装配式混凝土建筑的连接和装配整体式混凝土建筑中的外挂墙板等非主体结构构件的连接。

湿连接的核心是钢筋连接,包括套筒灌浆、浆锚搭接(见表3-2)等。这两种连接方式目前在装配整体式剪力墙结构中应用较多。湿连接还包括预制构件与现浇接触界面的构造处理,如键槽和粗糙面;其他方式的辅助连接,如型钢螺栓连接。

表 3-2　套筒灌浆连接与浆锚搭接

技术优缺点	套筒灌浆连接	浆锚搭接
优点	安全可靠、操作简单、适用范围广	成本低;插筋孔直径大,制作精度要求比套筒灌浆低
缺点	成本高、精度要求略高	1.浆锚搭接应用范围比套筒灌浆连接应用范围窄,国外把浆锚搭接用于高层或超高层装配式建筑构件竖向连接的成功经验少; 2.浆锚搭接连接钢筋搭接长度是套筒灌浆连接钢筋连接长度的 1 倍左右,导致现场构件注浆量大、注浆作业时间长,还会增加运输、施工吊装的难度,降低施工效率; 3.以上两点是螺旋箍筋浆锚搭接与波纹管浆锚搭接的共同缺点,螺旋箍筋浆锚搭接另一个缺点是螺旋箍筋浆锚搭接内模成孔质量难以保证,脱模时,孔壁容易被破坏

干连接用得最多的方式是螺栓连接、焊接和搭接。

预制构件的湿连接如图3-87。

部分预制的套筒灌浆连接
的预制剪力墙

浆锚搭接连接的预制剪力墙

底部预留后浇区
的预制剪力墙

图 3-87　预制构件的湿连接

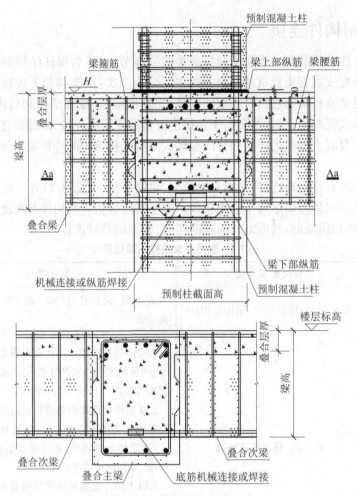

图 3-88　机械连接或焊接

(一) 钢筋套筒灌浆连接

钢筋套筒灌浆连接是指在金属套筒中插入单根带肋钢筋并注入灌浆料拌和物,通过拌和物硬化形成整体,并实现传力的钢筋对接连接方式。钢筋灌浆套筒按结构形式分为全灌浆套筒(见图 3-89)和半灌浆套筒(见图 3-90)。全灌浆套筒是指两端均采用套筒灌浆连接的灌浆套筒。半灌浆套筒是指一端采用套筒灌浆连接,另一端采用机械连接方式连接钢筋的灌浆套筒。半灌浆套筒按非灌浆一端连接方式分为直接滚轧直螺纹灌浆套筒、剥肋滚轧直螺纹灌浆套筒和镦粗直螺纹灌浆套筒。

钢筋连接用套筒灌浆料:以水泥为基本材料,配以细骨料,以及混凝土外加剂和其他材料组成的干混料,加水搅拌后具有良好的流动性、早强、高强、微膨胀等性能,填充于套筒和带肋钢筋间隙内的干粉料,简称套筒灌浆料。

1.基本要求

(1)套筒灌浆连接接头应满足强度和变形性能要求。钢筋套筒灌浆连接接头的抗拉强度不应小于连接钢筋抗拉强度标准值,且破坏时应断于接头外钢筋。

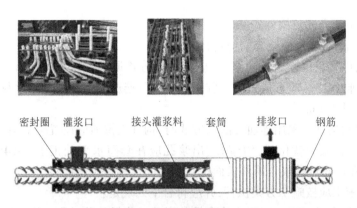

图 3-89　全灌浆套筒

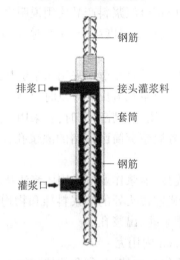

图 3-90　半灌浆套筒

（2）采用套筒灌浆连接的构件,混凝土强度等级不宜低于 C30。

（3）混凝土结构中全截面受拉构件同一截面不宜全部采用钢筋套筒灌浆连接。

（4）混凝土构件的灌浆套筒长度范围内,预制混凝土柱箍筋的混凝土保护层厚度不应小于 20 mm,预制混凝土墙最外层钢筋的混凝土保护层厚度不应小于 15 mm。

2.构件制作、安装与连接

（1）预制构件钢筋及灌浆套筒的安装应符合下列规定:

①连接钢筋与全灌浆套筒安装时,应逐根插入灌浆套筒内,插入深度应满足设计锚固深度要求;钢筋安装时,应将其固定在模具上,灌浆套筒与柱底、墙底模板应垂直,应采用橡胶环、螺杆等固定件避免混凝土浇筑、振捣时灌浆套筒和连接钢筋移位。

②与灌浆套筒连接的灌浆管、出浆管应定位准确、安装稳固。

③应采取防止混凝土浇筑时向灌浆套筒内漏浆的封堵措施。

（2）预制柱、墙安装前,应在预制构件及其支承构件间设置垫片,垫片宜采用钢质垫片;可通过垫片调整预制构件的底部标高,可通过在构件底部四角加塞垫片调整构件安装的垂直度。

（3）灌浆施工方式及构件安装应符合下列规定：

①钢筋水平连接时，灌浆套筒应各自独立灌浆。

②竖向构件宜采用连通腔灌浆，并应合理划分连通灌浆区域；每个区域除预留灌浆孔、出浆孔与排气孔外，应形成密闭空腔，不应漏浆；连通灌浆区域内任意两个灌浆套筒间的距离不宜超过 1.5 m。

③竖向预制构件不采用连通腔灌浆方式时，构件就位前应设置坐浆层。

（4）灌浆套筒安装就位后，灌浆孔、出浆孔应在套筒水平轴正上方±45°的锥体范围内，并安装有孔口超过灌浆套筒外表面最高位置的连接管或连接头。

（5）灌浆施工应按施工方案执行，并应符合下列规定：

①灌浆操作全过程应有专职检验人员负责现场监督并及时形成施工检查记录。

②灌浆施工时，环境温度应符合灌浆料产品使用说明书要求，环境温度低于 5 ℃时不宜施工，低于 0 ℃时不得施工；当环境温度高于 30 ℃时，应采取降低灌浆料拌和物温度的措施。

③对竖向钢筋套筒灌浆连接，灌浆作业应采用压浆法从灌浆套筒下灌浆孔注入，当灌浆料拌和物从构件其他灌浆孔、出浆孔流出后应及时封堵。

④竖向钢筋套筒灌浆连接采用连通腔灌浆时，宜采用一点灌浆的方式；当一点灌浆遇到问题而需要改变灌浆点时，各灌浆套筒已封堵的灌浆孔、出浆孔应重新打开，待灌浆料拌和物再次流出后进行封堵。

⑤对水平钢筋套筒灌浆连接，灌浆作业应采用压浆法从灌浆套筒灌浆孔注入，当灌浆套筒灌浆孔、出浆孔的连接管或连接头处的灌浆料拌和物均高于灌浆套筒外表面最高点时，应停止灌浆，并及时封堵灌浆孔、出浆孔。

⑥灌浆料宜在加水后 30 min 内用完。

⑦散落的灌浆料拌和物不得二次使用；剩余的拌和物不得再次添加灌浆料、水后混合使用。

竖向钢筋套筒灌浆连接示意图如图 3-91，竖向钢筋套筒灌浆示意图如图 3-92。

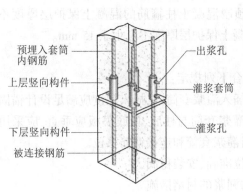

图 3-91　竖向钢筋套筒灌浆连接示意图

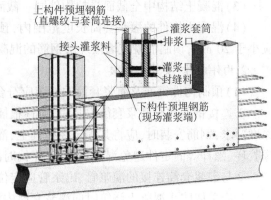

图 3-92　竖向钢筋套筒灌浆示意图

框架柱连接示意图如图 3-93 所示。

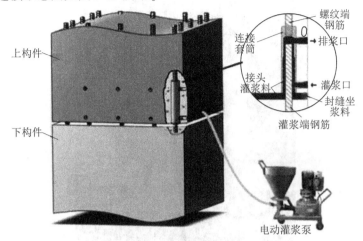

图 3-93　框架柱连接示意图

灌浆套筒的灌浆孔、出浆孔示意图如图 3-94 所示。

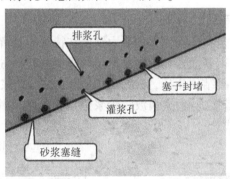

图 3-94　灌浆套筒的灌浆孔、出浆孔示意图

钢筋套筒水平向连接如图 3-95 所示。机械灌浆作业如图 3-96 所示。

图 3-95　钢筋套筒水平向连接　　　　　图 3-96　机械灌浆作业

人工灌浆作业如图 3-97 所示。

图 3-97　人工灌浆作业

（二）钢筋浆锚搭接连接

钢筋浆锚搭接连接,是将预制构件的受力钢筋在特制的预留孔洞内进行搭接的技术。构件安装时,将需搭接的钢筋插入孔洞内至设定的搭接长度,通过灌浆孔和排气孔向孔洞内灌入灌浆料,经灌浆料凝结硬化后,完成两根钢筋的搭接。浆锚搭接连接(见图 3-98)包括螺旋箍筋约束浆锚搭接连接、金属波纹管浆锚搭接连接及其他采用预留孔洞插筋后灌浆的间接搭接连接方式。

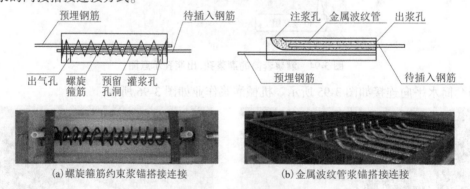

(a)螺旋箍筋约束浆锚搭接连接　　　(b)金属波纹管浆锚搭接连接

图 3-98　浆锚搭接连接

(1)竖向钢筋采用浆锚搭接连接(见图 3-99)时,对预留孔成孔工艺、孔道形状和长度、构造要求、灌浆料和被连接钢筋,应进行力学性能及适用性的试验验证。直径大于20 mm 的钢筋不宜采用浆锚搭接连接,直接承受动力荷载构件的纵向钢筋不应采用浆锚搭接连接。

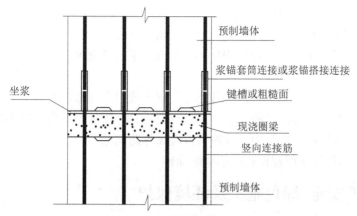
图 3-99 竖向钢筋浆锚连接

（2）钢筋浆锚搭接连接接头应采用水泥基灌浆料。其性能应符合表 3-3 要求。

表 3-3 性能指标

检测项目		性能指标
流动度/mm	初始	≥200
	30 min	≥150
抗压强度/MPa	1 d	≥35
	3 d	≥55
	28 d	≥80
竖向自由膨胀率/%	24 h 与 3 h 差值	0.02~0.5
氯离子含量/%		0.06

（3）竖向构件与楼面连接处的水平缝应清理干净,灌浆前 24 h 连接面应充分浇水湿润,灌浆前不得有积水。

（4）灌浆料应采用电动搅拌器充分搅拌均匀,搅拌时间从开始加水到搅拌结束应不少于 5 min,然后静置 2~3 min;搅拌后的灌浆料应在 30 min 内使用完毕,每个构件灌浆总时间应控制在 30 min 以内。

（5）直径大于 20 mm 的钢筋不宜采用浆锚搭接连接。直接承受动力载荷构件的纵向钢筋不应采用浆锚搭接连接。房屋高度大于 12 m 或超过 3 层时,不宜使用浆锚搭接连接。

五、成品保护

在装配式混凝土建筑施工全过程中,应采取防止预制构件、部品及预制构件上的建筑附件、预埋件、预埋吊件等损伤或污染的保护措施。

（1）交叉作业时,应做好工序交接,不得对已完成工序的成品、半成品造成破坏。

（2）预制构件饰面砖、石材、涂刷、门窗等处宜采用贴膜保护或其他专业材料保护。安装完成后,门窗框应采用槽型木框保护。

（3）连接止水条、高低口、墙体转角等薄弱部位,应采用定型保护垫块或专用式套件进行加强保护。

（4）预制楼梯饰面应采用铺设木板或其他覆盖形式的成品保护措施。楼梯安装后,踏步口宜铺设木条或其他覆盖形式保护。

（5）遇有大风、大雨、大雪等恶劣天气时，应采取有效措施对存放预制构件成品进行保护。

（6）装配式混凝土建筑的预制构件和部品在安装施工过程、施工完成后，不应受到施工机具碰撞。

（7）施工梯架、工程用的物料等不得支撑、顶压或斜靠在部品上。

（8）当进行混凝土地面等施工时，应防止物料污染、损坏预制构件和部品表面。

（9）预制构件暴露在空气中的预埋铁件应涂抹防锈漆。

（10）预制构件的预埋螺栓孔应填塞海绵棒。

六、施工安全、绿色施工及环境保护

（一）安全防护

（1）装配整体式混凝土结构施工宜采用围挡或安全防护操作架，特殊结构或必要的外墙板构件安装可选用落地脚手架，脚手架搭设应符合国家现行有关标准的规定。

（2）装配整体式混凝土结构施工在绑扎柱、墙钢筋，应采用专用登高设施，当高于围挡时，必须佩戴穿芯自锁保险带。

（3）安全防护采用围挡式安全隔离时，楼层围挡高度应不低于 1.50 m，阳台围挡不应低于 1.10 m，楼梯临边应加设高度不小于 0.9 m 的临时栏杆。

（4）围挡式安全隔离，应与结构层有可靠连接，满足安全防护需要。

（5）围挡设置应采取吊装一件外墙板，拆除相应位置围挡的方法，按吊装顺序，逐块（榀）进行。预制外墙板就位后，应及时安装上一层围挡。

（6）安全防护采用操作架时，操作架应与结构有可靠的连接体系，操作架受力应满足计算要求。

（7）预制构件、操作架、围挡在吊升阶段，在吊装区域下方设置安全警示区域，安排专人监护，该区域不得随意进入。

（8）装配整体式结构施工现场应设置消防疏散通道、安全通道及消防车通道，防火、防烟应分区。

（9）施工区域应配制消防设施和器材，设置消防安全标志，并定期检验、维修，消防设施和器材应完好、有效。

（二）施工安全

（1）装配式混凝土建筑施工应执行国家、地方、行业和企业的安全生产法规和规章制度，落实各级各类人员的安全生产责任制。施工单位应根据工程施工特点对重大危险源进行分析并予以公示，并制定相应的安全生产应急预案。

（2）施工单位应对从事预制构件吊装作业及相关人员进行安全培训与交底，识别预制构件进场、卸车、存放、吊装、就位各环节的作业风险，并制定防控措施。

（3）安装作业开始前，应对安装作业区进行围护并做出明显的标识，拉警戒线，根据危险源级别安排旁站，严禁与安装作业无关的人员进入。

（4）施工作业使用的专用吊具、吊索、定型工具式支撑、支架等，应进行安全验算，使用中进行定期、不定期检查,确保其安全状态。

(5)吊装作业安全应符合下列规定:

①预制构件吊装应单件逐件安装,起吊时构件应水平和垂直。预制构件起吊后,应先将预制构件提升 300 mm 左右后,停稳构件,检查钢丝绳、吊具和预制构件状态,确认吊具安全且构件平稳后,方可缓慢提升构件。

②吊机吊装区域内,非作业人员严禁进入;吊运预制构件时,构件下方严禁站人,应待预制构件降落至距地面 1 m 以内方准作业人员靠近,就位固定后方可脱钩;当构件吊至操作层时,操作人员应在楼层内用专用钩子将构件上系扣的揽风绳勾至楼层内,然后将墙板拉到就位位置。

③高空应通过揽风绳改变预制构件方向,严禁高空直接用手扶预制构件。

④遇到雨、雪、雾天气,或者风力大于 5 级时,不得进行吊装作业。

(6)夹芯保温外墙板后浇混凝土连接节点区域的钢筋连接施工时,不得采用焊接连接。预制外墙板吊装就位并固定牢固后,方可进行脱钩,脱钩人员应使用专用梯子,在楼层内操作。

(7)高空构件装配作业时,严禁在结构钢筋上攀爬。

(8)操作架要逐次安装与提升,不得交叉作业,每一单元不得随意中断提升,严禁操作架在不安全状态下过夜。

(9)操作架安装、吊升时,如有障碍,应及时查清,并在排除障碍后,方可继续。

(10)预制结构现浇部分的模板支撑系统不得利用预制构件下部临时支撑作为支点。

(三)绿色施工

(1)装配整体式混凝土结构施工应符合国家绿色施工的标准,实现经济效益、社会效益和环境效益的统一。

(2)实施装配整体式混凝土结构绿色施工,应根据因地制宜的原则,贯彻执行国家、行业和当地现行有关规范和相关技术经济政策。

(3)装配整体式混凝土结构应建立绿色施工管理体系,并在施工管理、环境保护、节材与材料资源利用、节水与水资源利用、节能与能源利用、节地与施工用地保护等方面制定相应的管理制度与目标。

(4)有条件的装配式结构,构件吊装施工宜采用节材型围挡进行安全防护。

(5)应选用耐用、可周转及维护与拆卸方便的调节杆、限位器等临时固定和校正工具。

(6)预制阳台、叠合板、叠合梁等宜采用工具式支撑体系,提高周转率和使用效率。

(7)贴面类材料构件在吊装前,应结合构件进行总体排版,减少非整块材料的数量,并宜与构件在工厂构件制作一次成型。

(8)各类预埋件和留孔、留洞应与工厂化构件制作同步预留,不宜采用后续二次预埋和现场钻孔方式。

(9)预制混凝土叠合夹心保温墙板和预制混凝土夹心保温外墙板施工中,与内外层墙板的连接件,宜选用断热型抗剪连接件。

(四)环境保护

(1)在施工现场应加强对废水、污水的管理,现场应设置污水池和排水沟。废水、废弃涂料、胶料应统一处理,严禁未经过处理而直接排入下水管道。

(2)装配整体式混凝土结构施工中产生的黏结剂、稀释剂等易燃、易爆化学制品的废弃物应及时收集送至指定存储器内,按规定回收,严禁未经处理随意丢弃和堆放。

(3)预制混凝土叠合夹心保温墙板和预制混凝土夹心保温外墙板内保温系统的材料,采用粘贴板块或喷涂工艺的保温材料,其组成材料应彼此相容,并应对人体和环境无害。

(4)预制构件安装施工期间,噪声控制应符合现行国家标准《建筑施工场界环境噪声排放标准》(GB 12523)的规定。

(5)施工现场应加强对废水、污水的管理,现场应设置污水池和排水沟。废水、废弃涂料、胶料应统一处理,严禁未经处理直接排入下水管道。

(6)夜间施工时,应防止光污染对周边居民的影响。

(7)预制构件运输过程中,应保持车辆整洁,防止对场内道路的污染,并减少扬尘。

(8)预制构件安装过程中,废弃物等应进行分类回收。施工中产生的胶粘剂、稀释剂等易燃易爆废弃物应及时收集送至指定储存器内并按规定回收,严禁丢弃未经处理的废弃物。

第四章 预制构件安装质量验收与装配式建筑评价

第一节 预制构件安装质量验收

装配式混凝土建筑施工应按现行国家标准《建筑工程施工质量验收统一标准》（GB 50300）的有关规定进行单位工程、分部工程、分项工程和检验批的划分和质量验收。装配式混凝土结构工程应按混凝土结构子分部工程进行验收，装配式混凝土结构部分应按混凝土结构子分部工程的分项工程验收，混凝土结构子分部中其他分项工程应符合现行国家标准《混凝土结构工程施工质量验收规范》（GB 50204）的有关规定。

一、一般规定

（1）装配式混凝土结构工程施工用的原材料、部品、构配件均应按检验批进行进场验收。

（2）装配式混凝土结构连接节点及叠合构件浇筑混凝土前，应进行隐蔽工程验收。隐蔽工程验收应包括下列主要内容：

①混凝土粗糙面的质量，键槽的尺寸、数量、位置。

②钢筋的牌号、规格、数量、位置、间距，箍筋弯钩的弯折角度及平直段长度。

③钢筋的连接方式、接头位置、接头数量、接头面积百分率、搭接长度、锚固方式及锚固长度。

④预埋件、预留管线的规格、数量、位置。

⑤预制混凝土构件接缝处防水、防火等构造做法。

⑥保温及其节点施工。

⑦其他隐蔽项目。

（3）混凝土结构子分部工程验收时，除应符合现行国家标准《混凝土结构工程施工质量验收规范》（GB 50204）的有关规定提供文件和记录外，尚应提供下列文件和记录：

①工程设计文件、预制构件安装施工图和加工制作详图。

②预制构件、主要材料及配件的质量证明文件、进场验收记录、抽样复验报告。

③预制构件安装施工记录。

④钢筋套筒灌浆型式检验报告、工艺检验报告和施工检验记录，浆锚搭接连接的施工检验记录。

⑤后浇混凝土部位的隐蔽工程检查验收文件。

⑥后浇混凝土、灌浆料、坐浆材料强度检测报告。

⑦外墙防水施工质量检验记录。

⑧装配式结构分项工程质量验收文件。

⑨装配式工程的重大质量问题的处理方案和验收记录。

⑩装配式工程的其他文件和记录。

二、预制构件

(1)预制构件进场时,预制构件结构性能检验应符合下列规定:

①梁板类简支受弯预制构件进场时,应进行结构性能检验,并应符合下列规定:

a.结构性能检验应符合国家现行有关标准的有关规定及设计的要求,检验要求和试验方法应符合现行国家标准《混凝土结构工程施工质量验收规范》(GB 50204)的有关规定。

b.钢筋混凝土构件和允许出现裂缝的预应力混凝土构件应进行承载力、挠度和裂缝宽度检验;不允许出现裂缝的预应力混凝土构件应进行承载力、挠度和抗裂检验。

c.对大型构件及有可靠应用经验的构件,可只进行裂缝宽度、抗裂和挠度检验。

d.对使用数量较少的构件,当能提供可靠依据时,可不进行结构性能检验。

e.对多个工程共同使用的同类型预制构件,结构性能检验可共同委托,其结果对多个工程共同有效。

②对于不可单独使用的叠合板预制底板,可不进行结构性能检验。对叠合梁构件,是否进行结构性能检验、结构性能检验的方式应根据设计要求确定。

检验数量:同一类型预制构件不超过 1 000 个为一批,每批随机抽取 1 个构件进行结构性能检验。

检验方法:检查结构性能检验报告或实体检验报告。

注:"同类型"是指同一钢种、同一混凝土强度等级、同一生产工艺和同一结构。抽取预制构件时,宜从设计荷载最大、受力最不利或生产数量最多的预制构件中抽取。

(2)预制板类、墙板类、梁柱类构件外形尺寸偏差和检验方法应分别符合表 4-1~表 4-4 中的规定。

表 4-1　构件外观质量缺陷分类

名称	现象	严重缺陷	一般缺陷
露筋	构件内钢筋未被混凝土包裹而外露	纵向受力钢筋有露筋	其他钢筋有少量露筋
蜂窝	混凝土表面缺少水泥砂浆而形成石子外露	构件主要受力部位有蜂窝	其他部位有少量蜂窝
孔洞	混凝土中孔穴深度和长度均超过保护层厚度	构件主要受力部位有孔洞	其他部位有少量孔洞
夹渣	混凝土中夹有杂物且深度超过保护层厚度	构件主要受力部位有夹渣	其他部位有少量夹渣
疏松	混凝土中局部不密实	构件主要受力部位有疏松	其他部位有少量疏松

名称	现象	严重缺陷	一般缺陷
裂缝	缝隙从混凝土表面延伸至混凝土内部	构件主要受力部位有影响结构性能或使用功能的裂缝	其他部位有少量不影响结构性能或使用功能的裂缝
连接部位缺陷	构件连接处混凝土缺陷及连接钢筋、连结件松动,插筋严重锈蚀、弯曲,灌浆套筒堵塞、偏位,灌浆孔洞堵塞、偏位、破损等	连接部位有影响结构传力性能的缺陷	连接部位有基本不影响结构传力性能的缺陷
外形缺陷	缺棱掉角、棱角不直、翘曲不平、飞出凸肋等,装饰面砖黏结不牢、表面不平、砖缝不顺直等	清水或具有装饰的混凝土构件内有影响使用功能或装饰效果的外形缺陷	其他混凝土构件有不影响使用功能的外形缺陷
外表缺陷	构件表面麻面、掉皮、起砂、玷污等	具有重要装饰效果的清水混凝土构件有外表缺陷	其他混凝土构件有不影响使用功能的外表缺陷

表 4-2 预制楼板类构件外形尺寸允许偏差及检验方法

项次	检查项目			允许偏差/mm	检验方法
1	规格尺寸	长度	<12 m	±5	用尺量两端及中间部,取其中偏差绝对值较大者
			≥12 m 且<18 m	±10	
			≥18 m	±20	
2		宽度		±5	用尺量两端及中间部,取其中偏差绝对值较大者
3		厚度		±5	用尺量板四角和四边中部位置共 8 处,取其中偏差绝对值较大者
4	对角线差			6	在构件表面,用尺量测两对角线的长度,取其绝对值的差值
5	外形	表面平整度	内表面	4	用 2 m 靠尺安放在构件表面上,用楔形塞尺量测靠尺与表面之间的最大缝隙
			外表面	3	
6		楼板侧向弯曲		$L/750$ 且 ≤20 mm	拉线,钢尺量最大弯曲处
7		扭翘		$L/750$	四对角拉两条线,量测两线交点之间的距离,其值的 2 倍为扭翘值

项次	检查项目			允许偏差 /mm	检验方法
8	预埋部件	预埋钢板	中心线位置偏差	5	用尺量测纵横两个方向的中心线位置,取其中较大值
			平面高差	0,-5	用尺紧靠在预埋件上,用楔形塞尺量测预埋件平面与混凝土面的最大缝隙
9		预埋螺栓	中心线位置偏移	2	用尺量测纵横两个方向的中心线位置,取其中较大值
			外露长度	+10,-5	用尺量
10		预埋线盒、电盒	在构件平面的水平方向中心位置偏差	10	用尺量
			与构件表面混凝土高差	0,-5	用尺量
11	预留孔		中心线位置偏移	5	用尺量测纵横两个方向的中心线位置,取其中较大值
			孔尺寸	±5	用尺量测纵横两个方向尺寸,取其最大值
12	预留洞		中心线位置偏移	5	用尺量测纵横两个方向的中心线位置,取其中较大值
			洞口尺寸、深度	±5	用尺量测纵横两个方向尺寸,取其最大值
13	预留插筋		中心线位置偏移	3	用尺量测纵横两个方向的中心线位置,取其中较大值
			外露长度	±5	用尺量
14	吊环、木砖		中心线位置偏移	10	用尺量测纵横两个方向的中心线位置,取其中较大值
			留出高度	0,-10	用尺量
15	桁架钢筋高度			+5,0	用尺量

表 4-3　预制墙板类构件外形尺寸允许偏差及检验方法

项次	检查项目			允许偏差 /mm	检验方法
1	规格尺寸		高度	±4	用尺量两端及中间部,取其中偏差绝对值较大者
2			宽度	±4	用尺量两端及中间部,取其中偏差绝对值较大者
3			厚度	±3	用尺量板四角和四边中部位置共 8 处,取其中偏差绝对值较大者
4	对角线差			5	在构件表面,用尺量测两对角线的长度,取其绝对值的差值
5	外形	表面平整度	内表面	4	用 2 m 靠尺安放在构件表面上,用楔形塞尺量测靠尺与表面之间的最大缝隙
			外表面	3	
6		侧向弯曲		$L/1\,000$ 且 $\leqslant 20$ mn	拉线,钢尺量最大弯曲处
7		扭翘		$L/1\,000$	四对角拉两条线,量测两线交点之间的距离,其值的 2 倍为扭翘值
8	预埋部件	预埋钢板	中心线位置偏移	5	用尺量测纵横两个方向的中心线位置,取其中较大值
			平面高差	0,−5	用尺紧靠在预埋件上,用楔形塞尺量测预埋件平面与混凝土面的最大缝隙
9		预埋螺栓	中心线位置偏移	2	用尺量测纵横两个方向的中心线位置,取其中较大值
			外露长度	+10,−5	用尺量
10		预埋套筒、螺母	中心线位置偏移	2	用尺量测纵横两个方向的中心线位置,取其中较大值
			平面高差	0,−5	用尺紧靠在预埋件上,用楔形塞尺量测预埋件平面与混凝土面的最大缝隙
11	预留孔		中心线位置偏移	5	用尺量测纵横两个方向的中心线位置,取其中较大值
			孔尺寸	±5	用尺量测纵横两个方向尺寸,取其最大值

项次	检查项目		允许偏差/mm	检验方法
12	预留洞	中心线位置偏移	5	用尺量测纵横两个方向的中心线位置,取其中较大值
		洞口尺寸、深度	±5	用尺量测纵横两个方向尺寸,取其最大值
13	预留插筋	中心线位置偏移	3	用尺量测纵横两个方向的中心线位置,取其中较大值
		外露长度	±5	用尺量
14	吊环、木砖	中心线位置偏移	10	用尺量测纵横两个方向的中心线位置,取其中较大值
		与构件表面混凝土高差	0,−10	用尺量
15	键槽	中心线位置偏移	5	用尺量测纵横两个方向的中心线位置,取其中较大值
		长度、宽度	±5	用尺量
		深度	±5	用尺量
16	灌浆套筒及连接钢筋	灌浆套筒中心线位置	2	用尺量测纵横两个方向的中心线位置,取其中较大值
		连接钢筋中心线位置	2	用尺量测纵横两个方向的中心线位置,取其中较大值
		连接钢筋外露长度	+10,0	用尺量

表 4-4 预制梁柱桁架类构件外形尺寸允许偏差及检验方法

项次	检查项目			允许偏差/mm	检验方法
1	规格尺寸	长度	<12 m	±5	用尺量两端及中间部,取其中偏差绝对值较大值
			≥12 m 且<18 m	±10	
			≥18 m	±20	
2		宽度		±5	用尺量两端及中间部,取其中偏差绝对值较大值
3		高度		±5	用尺量板四角和四边中部位置共8处,取其中偏差绝对值较大值
4	表面平整度			4	用2 m靠尺安放在构件表面上,用楔形塞尺量测靠尺与表面之间的最大缝隙

续表 4-4

项次	检查项目		允许偏差/mm	检验方法
5	侧向弯曲	梁柱	$L/750$ 且 ≤20 mm	拉线,钢尺量最大弯曲处
		桁架	$L/1\,000$ 且 ≤20 mm	
6	预埋部件	预埋钢板 中心线位置偏移	5	用尺量测纵横两个方向的中心线位置,取其中较大值
		平面高差	0,−5	用尺紧靠在预埋件上,用楔形塞尺量测预埋件平面与混凝土面的最大缝隙
7		预埋螺栓 中心线位置偏移	2	用尺量测纵横两个方向的中心线位置,取其中较大值
		外露长度	+10,−5	用尺量
8	预留孔	中心线位置偏移	5	用尺量测纵横两个方向的中心线位置,取其中较大值
		孔尺寸	±5	用尺量测纵横两个方向尺寸,取其最大值
9	预留洞	中心线位置偏移	5	用尺量测纵横两个方向的中心线位置,取其中较大值
		洞口尺寸、深度	±5	用尺量测纵横两个方向尺寸,取其最大值
10	预留插筋	中心线位置偏移	3	用尺量测纵横两个方向的中心线位置,取其中较大值
		外露长度	±5	用尺量
11	吊环	中心线位置偏移	10	用尺量测纵横两个方向的中心线位置,取其中较大值
		留出高度	0,−10	用尺量
12	键槽	中心线位置偏移	5	用尺量测纵横两个方向的中心线位置,取其中较大值
		长度、宽度	±5	用尺量
		深度	±5	用尺量
13	灌浆套筒及连接钢筋	灌浆套筒中心线位置	2	用尺量测纵横两个方向的中心线位置,取其中较大值
		连接钢筋中心线位置	2	用尺量测纵横两个方向的中心线位置,取其中较大值
		连接钢筋外露长度	+10,0	用尺量测

第二节　装配式建筑评价

《中共中央　国务院关于进一步加强城市规划建设管理工作的若干意见》《国务院办公厅关于大力发展装配式建筑的指导意见》(国办发〔2016〕71号)明确提出发展装配式建筑,装配式建筑进入快速发展阶段。为推进装配式建筑健康发展,亟须构建一套适合我国国情的装配式建筑评价体系,对其实施科学、统一、规范的评价。

按照"立足当前实际,面向未来发展,简化评价操作"的原则,《装配式建筑评价标准》(GB/T 51129—2017)主要从建筑系统及建筑的基本性能、使用功能等方面提出装配式建筑评价方法和指标体系。评价内容和方法的制定结合了目前工程建设整体发展水平,并兼顾了远期发展目标。设定的评价指标具有科学性、先进性、系统性、导向性和可操作性。

一、基本规定

(1)装配率是指单体建筑室外地坪以上的主体结构、围护墙和内隔墙、装修和设备管线等采用预制部品部件的综合比例。

(2)装配率计算和装配式建筑等级评价应以单体建筑作为计算和评价单元,并应符合下列规定:

①单体建筑应按项目规划批准文件的建筑编号确认。

②建筑由主楼和裙房组成时,主楼和裙房可按不同的单体建筑进行计算和评价。

③单体建筑的层数不大于3层,且地上建筑面积不超过500 m²时,可由多个单体建筑组成建筑组团作为计算和评价单元。

(3)装配式建筑评价应符合下列规定:

①设计阶段宜进行预评价,并应按设计文件计算装配率。

②项目评价应在项目竣工验收后进行,并应按竣工验收资料计算装配率和确定评价等级。

(4)装配式建筑应同时满足下列要求:

①主体结构部分的评价分值不低于20分。

②围护墙和内隔墙部分的评价分值不低于10分。

③采用全装修。

④装配率不低于50%。

(5)评价等级划分。

①当评价项目满足(4)的规定,且主体结构竖向构件中预制部品、部件的应用比例不低于35%时,可进行装配式建筑等级评价。

②装配式建筑评价等级应划分为A级、AA级、AAA级,并应符合下列规定:

a.装配率为60%~75%时,评价为A级装配式建筑。

b.装配率为76%~90%时,评价为AA级装配式建筑。

c.装配率为91%及以上时,评价为AAA级装配式建筑。

(6)装配式建筑宜采用装配化装修。

二、装配率计算

装配率应根据表 4-5 中评价项分值按下式计算：

$$P = \frac{Q_1 + Q_2 + Q_3}{100 - Q_4} \times 100\%$$

式中 P——装配率；

Q_1——主体结构指标实际得分值；

Q_2——围护墙和内隔墙指标实际得分值；

Q_3——装修和设备管线指标实际得分值；

Q_4——评价项目中缺少的评价项分值总和。

表 4-5 装配式建筑评分

评价项		评价要求	评价分值	最低分值
主体结构 (50 分)	柱、支撑、承重墙、延性墙板等竖向构件	35%≤比例≤80%	20~30*	20
	梁、板、楼梯、阳台、空调板等构件	70%≤比例≤80%	10~20*	
围护墙和内隔墙 (20 分)	非承重围护墙非砌筑	比例≥80%	5	10
	围护墙与保温、隔热、装饰一体化	50%≤比例≤80%	2~5*	
	内隔墙非砌筑	比例≥50%	5	
	内隔墙与管线、装修一体化	50%≤比例≤80%	2~5*	
装修和设备管线 (30 分)	全装修	—	6	6
	干式工法楼面、地面	比例≥70%	6	—
	集成厨房	70%≤比例≤90%	3~6*	
	集成卫生间	70%≤比例≤90%	3~6*	
	管线分离	50%≤比例≤70%	4~6*	

注：表中带"＊"项的分值采用"内插法"计算，计算结果取小数点后 1 位。

第五章 装配式钢结构建筑

第一节 装配式钢结构建筑概述

近年来,我国钢材产量已稳居世界第一,在国家经济调整过程中,产能严重过剩的问题日益突出。2015年我国钢结构建筑占新建建筑不到5%,相比发达国家发展潜力巨大。钢结构主体采用钢材,钢材是可循环利用、持续发展的材料。与传统混凝土结构相比,钢结构建筑的混凝土用量节省49.52%,施工用水量节省85.1%,建筑木材用量节省67.24%,建筑垃圾及污水排放大大降低。

发展装配式钢结构建筑可以在一定程度上化解钢铁产能、促进产业的转型升级。装配式钢结构建筑是装配建筑的重要组成部分,在实际推进过程中亟须规范装配式钢结构建筑的建设,按照适用、经济、安全、绿色、美观的要求,全面提高装配式钢结构建筑的环境效益、社会效益和经济效益。

装配式钢结构建筑如图5-1~图5-5所示。

图 5-1 深圳地王大厦

[高69层,总高度383.95 m,实高324.8 m。全国第一个钢结构高层建筑(钢框架-RC核心筒)]

图 5-2　施工过程中的中央
电视台总部大楼（一）

图 5-3　施工过程中的中央
电视台总部大楼（二）

图 5-4　中央电视台总部大楼
（总用钢量达 14 万 t）

图 5-5　中福城二期
（中国首幢装配式钢结构高层住宅）

一、装配式钢结构建筑的概念

装配式钢结构建筑是指由钢部（构）件构成的装配式建筑，是指以工厂生产的钢型材构件作为承重骨架，以新型轻质、保温、隔热、高强的墙体材料作为围护结构而构成的建筑。装配式钢结构建筑有模块化、标准化的特点，适应工业化需求，且抗震性能优越、施工周期短、钢材可回收、综合技术经济指标好。

二、装配式钢结构建筑基本构成

装配式钢结构建筑可划分为"三大体系"或"四大系统"。基本构成上分为外围护体系、结构支撑体系和内填充体系;从系统功能上分为主体结构系统、外围护系统、设备与管线系统和内装系统四大系统。

(一)主体结构系统

装配式钢结构建筑可根据建筑功能、建筑高度及抗震设防烈度等选择下列结构体系:钢框架结构、钢框架-支撑结构、钢框架-延性墙板结构、筒体结构、巨型结构、交错桁架结构、门式刚架结构、低层冷弯薄壁型钢结构。钢框架结构、钢框架-支撑结构、钢框架-延性墙板结构适用于多高层钢结构住宅及公建;筒体结构、巨型结构适用于高层或超高层建筑;交错桁架结构适合带有中间走廊的宿舍、酒店或公寓;门式刚架结构适用于单层超市及生产或存储非强腐蚀介质的厂房或库房。低层冷弯薄壁型钢结构适用于以冷弯薄壁型钢为主要承重构件,层数不大于3层的低层房屋。

1.钢框架结构

钢框架结构主要应用于办公建筑、居住建筑、教学楼、医院、商场、停车场等需要开敞大空间和相对灵活的室内布局的多高层建筑。钢框架结构体系可分为半刚接框架和全刚接框架,可以采用较大的柱距并获得较大的使用空间,但由于抗侧力刚度较小,因此使用高度受到一定限制。钢框架结构的最大适用高度根据当地抗震设防烈度确定,Ⅶ度(0.1g)可达到110 m;Ⅷ度(0.2g)可达到90 m。多高层装配式钢结构适用的最大高度如表5-1所示。

表5-1　多高层装配式钢结构适用的最大高度　　单位:m

结构体系	Ⅵ度 (0.05g)	Ⅶ度		Ⅷ度		Ⅸ度 (0.40g)
		(0.10g)	(0.15g)	(0.20g)	(0.30g)	
钢框架结构	110	110	90	90	70	50
钢框架-中心支撑结构	220	220	200	180	150	120
钢框架-偏心支撑结构 钢框架-屈曲约束支撑结构 钢框架-延性墙板结构	240	240	220	200	180	160
筒体(框筒、筒中筒、桁架筒、束筒)结构巨型结构	300	300	280	260	240	180
交错桁架结构	90	60	60	40	40	

钢框架结构主要承受竖向荷载和水平荷载,竖向荷载包括结构自重及楼(屋)面活荷载,水平荷载主要为风荷载和地震作用。对于多高层钢框架结构,水平荷载作用下的内力和位移将成为控制因素。其侧移由两部分组成:一部分侧移由柱和梁的弯曲变形产生,柱和梁都有反弯点,形成侧向变形,框架下部的梁、柱内力大,层间变形也大,越到上部层间,变形愈小;另一部分侧移由柱的轴向变形产生,这种侧移在建筑上部较显著,越到底部层间,变形越小。

2.钢框架-支撑结构

对于高层建筑,由于风荷载和地震作用较大,使得梁柱等构件尺寸也相应增大,失去了经济合理性,此时可在部分框架柱之间设置支撑,构成钢框架–支撑体系。钢框架–支撑体系的最大适用高度根据当地抗震设防烈度确定,Ⅶ度(0.1g)可达到 220 m,Ⅷ度(0.2g)可达到 180 m。钢框架–支撑结构在水平荷载作用下,通过楼板的变形协调,由框架和支撑形成双重抗侧力结构体系,可分为中心支撑框架、偏心支撑框架和屈曲约束支撑框架。

3.钢框架–延性墙板结构

钢框架–延性墙板结构具有良好的延性,适用于抗震要求较高的高层建筑中。延性墙板是一个笼统概念,包括多种形式,归纳起来主要有钢板剪力墙结构、内填 RC 剪力墙结构等。

4.交错桁架结构

交错桁架结构体系也称错列桁架结构体系,主要适用于中、高层住宅、宾馆、公寓、办公楼、医院、学校等平面为矩形或由矩形组成的钢结构房屋,其可将空间结构与高层结构有机地结合起来,能够在高层结构中获得达到 $300 \sim 400 \ m^2$ 方形的无柱空间。

5.低层冷弯薄壁型钢结构

低层冷弯薄壁型钢结构是指由冷弯型钢为主要承重构件的结构。冷弯薄壁型钢由厚度为 1.5 ~ 5 mm 的钢板或带钢,经冷加工(冷弯、冷压或冷拔)成型,同一截面部分的厚度都相同,截面各角顶处呈圆弧形。在公建和住宅中,可用薄壁型钢制作各种屋架、刚架、网架、檩条、墙梁、墙柱等结构和构件。

(二)外围护系统

外围护系统是装配式钢结构建筑的重要系统,也是当前推广装配式钢结构住宅的瓶颈之一。外围护系统设计时,应包含以下主要内容:

(1)外围护系统性能要求,主要为安全性、功能性和耐久性等。

(2)外墙板及屋面板的模数协调包括尺寸规格、轴线分布、门窗位置和洞口尺寸等,设计应标准化,兼顾其经济性,同时还应考虑外墙板及屋面板的制作工艺、运输及施工安装的可行性。

(3)屋面围护系统与主体结构、屋架与屋面板的支承要求,以及屋面上放置重物的加强措施。

(4)外墙围护系统的连接、接缝及系统中外门窗洞口等部位的构造节点是影响外墙围护系统整体性能的关键点。

(5)空调室外及室内机、遮阳装置、空调板太阳能设施、雨水收集装置及绿化设施等重要附属设施的连接节点。

外围护系统应根据建筑所在地区的气候条件、使用功能等综合确定抗风性能、抗震性能、耐撞击性能、防火性能、水密性能、气密性能、隔声性能、热工性能和耐久性能等要求,屋面系统还应满足结构性能要求。

外围护系统选型应根据不同的建筑类型及结构形式而定;外墙系统与结构系统的连接形式可采用内嵌式、外挂式、嵌挂结合式等,并宜分层悬挂或承托;还可选用预制外墙、现场组装骨架外墙、建筑幕墙等类型。

(三)设备与管线系统

设备与管线系统由给水排水、供暖通风空调、电气和智能化、燃气等设备与管线组合而成,满足建筑使用功能的整体。

(四)内装系统

内装系统由楼地面、墙面、轻质隔墙、吊顶、内门窗、厨房和卫生间等组合而成,满足建筑空间使用要求的整体。

三、装配式钢结构建筑的特点

(1)质量轻、强度高:用钢结构建造的建筑质量是钢筋混凝土建筑的1/2左右;满足住宅大开间的需要,使用面积比钢筋混凝土住宅提高4%左右。

(2)安全可靠性,抗震、抗风性能好;钢结构相比于其他结构,如钢筋混凝土、木材、砌体结构等,具有更好延性和强度,能吸收和削弱地震作用,且具有很强的适应抗震变形的能力。

(3)钢结构构件在工厂制作,减少现场工作量,缩短施工工期,符合产业化要求。

(4)钢结构工厂制作质量可靠、尺寸精确、安装方便,易与相关部品配合。

(5)钢材可以回收,建造和拆除时对环境污染较少。

(6)钢结构建筑,室内格局可以随意改变,不受原有传统结构的限制。

钢结构和混凝土结构工艺比较如图5-6所示。

图 5-6　钢结构和混凝土结构工艺比较

第二节　装配式钢结构建筑施工

一、结构构件生产

钢结构构件制作一般在工厂进行,包括放样、号料、切割下料、边缘加工、弯卷成型、折边、矫正和防腐与涂饰等工艺过程。具体要求如下:

（1）钢构件加工制作工艺和质量应符合现行国家标准《钢结构工程施工规范》（GB 50755）和《钢结构工程施工质量验收规范》（GB 50205）的规定。钢管柱、箱型柱、压型钢板见图5-7~图5-9。

图 5-7　钢管柱　　　　　图 5-8　箱型柱　　　　　图 5-9　压型钢板

（2）钢构件宜采用自动化生产线进行加工制作，减少手工作业。钢构件焊接宜采用自动焊接或半自动焊接，并应按评定合格的工艺进行焊接。

（3）钢构件与墙板、内装部品的连接件宜在工厂与钢构件一起加工制作。

（4）高强度螺栓（见图5-10）孔宜采用数控钻床制孔和套模制孔，制孔质量应符合现行国家标准《钢结构工程施工质量验收规范》（GB 50205）的规定。

图 5-10　扭剪型高强螺栓

（5）钢构件除锈宜在室内进行，除锈方法及等级应符合设计要求，当设计无要求时，宜选用喷砂除锈（见图5-11）或抛丸除锈方法，除锈等级应不低于Sa2.5级。

图 5-11　喷砂除锈

（6）钢构件防腐涂装应符合下列规定：

①宜在室内进行防腐涂装。

②防腐涂装应按设计文件的规定执行，当设计文件未规定时，应依据建筑不同部位对应环境要求进行防腐涂装系统设计。

③涂装作业应按现行国家标准《钢结构工程施工规范》(GB 50755)的规定执行。

(7)必要时,钢构件宜在出厂前进行预拼装,构件预拼装可采用实体预拼装或数字模拟预拼装。

(8)预制楼板生产应符合下列规定:

①压型钢板应采用成型机加工,成型后基板不应有裂纹。

②钢筋桁架楼承板应采用专用设备加工。

③钢筋混凝土预制楼板加工应符合现行行业标准《装配式混凝土结构技术规程》(JGJ 1)的规定。

二、构件运输与堆放

(1)对超高、超宽、形状特殊的大型构件的运输和堆放应制订专门的方案。

(2)选用的运输车辆应满足构件的尺寸、质量等要求。装卸与运输时,应符合下列规定:

①装卸时,应采取保证车体平衡的措施。

②应采取防止构件移动、倾倒、变形等的固定措施。

③运输时,应采取防止部品部件损坏的措施,对构件边角部或链索接触处宜设置保护衬垫。

(3)构件堆放应符合下列规定:

①堆放场地应平整、坚实,并按部品部件的保管技术要求采用相应的防雨、防潮、防暴晒、防污染和排水等措施。

②构件支垫应坚实,垫块在构件下的位置宜与脱模、吊装时的起吊位置一致。

③重叠堆放构件时,每层构件间的垫块应上下对齐,堆垛层数应根据构件、垫块的承载力确定,并应根据需要采取防止堆垛倾覆的措施。

(4)墙板运输与堆放应符合下列规定:

①当采用靠放架堆放或运输时,靠放架应具有足够的承载力和刚度,与地面倾斜角度宜大于80°;墙板宜对称放置且外饰面朝外,墙板上部宜采用木垫块隔开;运输时,应固定牢固。

②当采用插放架直立堆放或运输时,宜采取直立方式运输;插放架应有足够的承载力和刚度,并应支垫稳固。

③采用叠层平放的方式堆放或运输时,应采取防止产生损坏的措施。

三、构件的安装

装配式钢结构工程宜选择有代表性的构件或单元进行试安装,根据试安装结果及时调整完善专项施工方案。

(一)楼板安装

(1)钢筋桁架楼承板(见图5-12)和压型钢板组合楼板铺设前,应按图纸所示的起始位置放设铺板时的基准线。

图 5-12 钢筋桁架楼承板

（2）钢筋桁架楼承板和压型钢板组合楼板安装时,板与板之间扣合应紧密,防止混凝土浇筑时漏浆。

（3）钢筋桁架楼承板在钢梁上的搭接,桁架长度方向搭接长度不宜小于15d（d 为钢筋桁架下弦钢筋直径）及 100 mm 中的较大值;板宽度方向底模与钢梁的搭接长度不宜小于 30 mm,确保在浇注混凝土时不漏浆。

（4）钢筋桁架楼承板与钢梁搭接时,支座竖筋必须全部与钢梁焊接,宽度方向需沿板边每隔 300 mm 与钢梁点焊固定。

（5）铺设楼板时,应避免过大的施工集中荷载,必要时可设置临时支撑。

（6）相邻叠合楼板间拼缝可采用干硬性防水砂浆塞缝,大于 30 mm 的拼缝,应采用防水细石混凝土填实。

（7）预制混凝土叠合板上部后浇混凝土中的钢筋宜采用成型钢筋网片整体安装定位。

（8）叠合构件预制部分的水平接合面宜设置齿口槽,叠合板与现浇混凝土的连接处应为粗糙接触面。

（9）叠合构件的安装施工应符合下列规定:

①叠合构件的支撑应根据设计要求或施工方案设置,支撑标高除应符合设计规定外,尚应考虑支承系统本身的施工变形。

②控制施工荷载不应超过设计规定,并应避免单个预制构件承受较大的集中荷载与冲击荷载。

③叠合楼板的搁置长度应满足设计要求。

④叠合楼板混凝土浇筑前,应检查及校正预制构件的外露钢筋,叠合构件应在后浇混凝土强度达到设计要求后,方可拆除支撑或承受施工荷载。

（10）叠合构件混凝土浇筑前,应清除叠合面上的杂物、浮浆及松散骨料,表面干燥时应洒水润湿,洒水后不得留有积水。

（11）混凝土叠合构件混凝土浇筑前,应检查并校正预制构件的外露钢筋。叠合构件混凝土浇筑时,应采取由中间向两边的方式。

（12）构件连接接缝部位后浇混凝土施工应符合下列规定:连接接缝混凝土应连续浇筑,并应在底层混凝土初凝之前将上一层混凝土浇筑完毕,接缝部位的混凝土宜加密振捣。

(二) 墙板安装

（1）墙板安装宜与主体结构同步进行，也可在安装部位的主体结构验收合格后进行。

（2）墙板安装应设置临时固定和调整装置。

（3）预制墙板连接部位宜先校正连接件或连接钢筋，待墙板预埋件或钢筋连接完成后固定。

（4）安装墙板用的斜支撑预埋件宜在叠合板的后浇混凝土中埋设，预埋件安装定位应准确，并采取可靠的防污染措施。

（5）金属板幕墙的压条应平直、洁净、接口严密、安装牢固。金属板幕墙上的滴水线、流水坡向应正确、顺直。各种缝、墙角的连接节点应符合设计要求和技术标准的规定。

（6）金属装饰板幕墙的密封胶缝应横平竖直、深浅一致、宽窄均匀、光滑顺直。耐候密封胶嵌缝前，应将板缝清洁干净，并保持干燥。密封胶的施工厚度为 3.5~4.5 mm，宽度不宜小于厚度的 2 倍。

（7）夹心保温外墙板（见图 5-13）竖缝采用后浇混凝土连接时，宜采用工具式定型模板支模，并应符合下列规定：

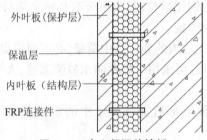

图 5-13　夹心保温外墙板

①定型模板应通过螺栓或预留孔洞拉结的方式与预制构件连接，定型模板安装应避免遮挡预制墙板下部灌浆预留孔洞。

②夹心墙板的外叶板应采用螺栓拉结或夹板等加强固定。

③墙板接缝部位及与定型模板连接处均应采取可靠的密封防漏浆措施。

（8）外墙板与内侧主体结构的调整间隙应采用 A 级防火材料进行封堵。

（9）外墙板外侧水平、竖直接缝的防水密封胶封堵前，侧壁应清理干净，保持干燥。嵌缝材料应与板牢固粘接，不得漏嵌和虚粘。

（10）墙板安装过程应设置临时斜撑和底部限位装置，并应符合下列规定：

①每件预制墙板安装过程的临时斜撑不宜少于 2 道，临时斜撑宜设置调节装置，支撑点位置距离板底不宜大于板高的 2/3，且不应小于板高的 1/2。

②每件预制墙板底部限位装置不少于 2 个，间距不宜大于 4 m，临时斜撑和限位装置应在连接部位混凝土或灌浆料强度达到设计要求后拆除。

（11）相邻预制墙板安装过程宜设置 3 道平整度控制装置，平整度控制装置可采用预埋件焊接或螺栓连接方式（见图 5-14）。

（12）预制墙板采用螺栓连接方式时，构件吊装就位过程应先进行螺栓连接，并应在螺栓可靠连接后卸去吊具。

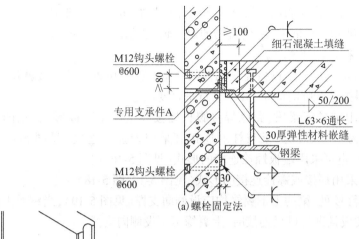

(a) 螺栓固定法

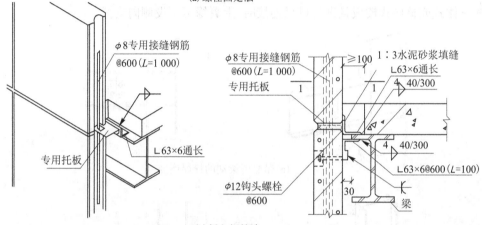

(b) 插入钢筋法

图 5-14　墙板安装

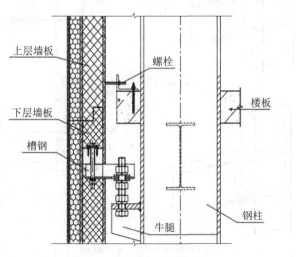

图 5-15　墙板的连接构造

(三) 钢结构安装

(1) 构件安装时,在构件醒目处标出构件的标识,以便于构件的安装。

（2）钢结构安装柱、梁等构件的长度尺寸应包括焊接收缩、挠度等变形值。

（3）钢结构构件基础和支承面安装，建筑物的定位轴线、基础上柱的定位轴线和楼层相对标高或设计标高应符合设计要求。

（4）钢柱安装前，应按设计要求校核连接螺栓的数量、规格、位置。柱安装就位后，应在两个方向采用可调斜撑进行临时固定，并应进行垂直度调整。

（5）梁柱连接可采用带悬臂梁段、翼缘焊接腹板栓接或全焊接连接形式［见图 5-16（a）~（d）］；抗震等级为一、二级时，梁与柱的连接宜采用加强型连接［见图 5-16（c）、（d）］；当有可靠依据时，也可采用端板螺栓连接的形式［见图 5-16(c)］。

（6）钢柱的拼接可采用焊接或螺栓连接的形式（见图 5-17、图 5-18）。

（7）在可能出现塑性铰处，梁的上下翼缘均应设侧向支撑（见图 5-19），当钢梁上铺设装配整体式或整体式楼板且进行可靠连接时，上翼缘可不设侧向支撑。

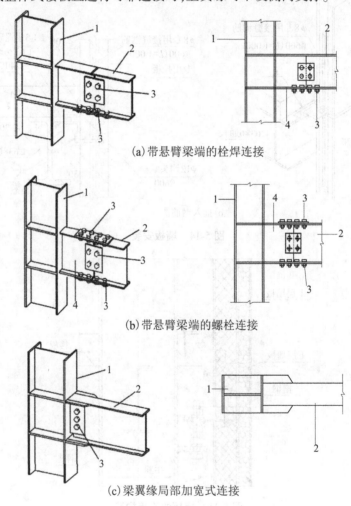

(a)带悬臂梁端的栓焊连接

(b)带悬臂梁端的螺栓连接

(c)梁翼缘局部加宽式连接

图 5-16　梁柱连接

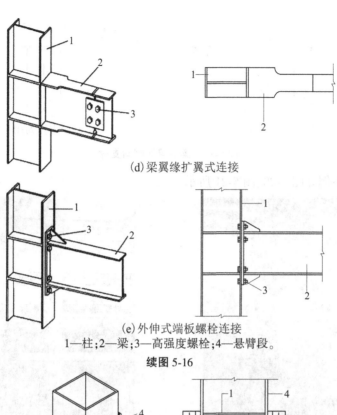

(d)梁翼缘扩翼式连接

(e)外伸式端板螺栓连接

1—柱;2—梁;3—高强度螺栓;4—悬臂段。

续图 5-16

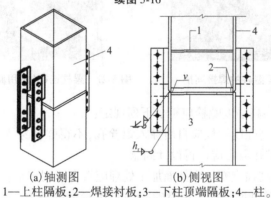

(a)轴测图　　　　　　　(b)侧视图

1—上柱隔板;2—焊接衬板;3—下柱顶端隔板;4—柱。

图 5-17　箱型柱的焊接拼接连接

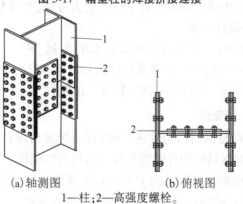

(a)轴测图　　　　　　　(b)俯视图

1—柱;2—高强度螺栓。

图 5-18　H 形柱的螺栓拼接连接

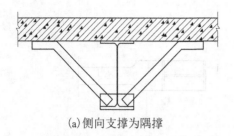
(a)侧向支撑为隔撑

(b)侧向支撑为加劲肋

图 5-19　梁下翼缘侧向支撑

各种连接举例如图 5-20、图 5-21 所示。

图 5-20　箱型柱的焊接连接

图 5-21　梁柱连接(采用翼缘焊接腹板栓接)

(8)装配式钢结构高强度螺栓应符合下列规定：

①装配式钢结构高强度螺栓应自由穿入螺栓孔，不得强行穿入。高强度螺栓孔不应采用气割扩孔，机械扩孔数量应征得设计同意。

②装配式钢结构高强度螺栓摩擦面加工处理应符合下列规定：

a.高强度螺栓连接处摩擦面采用喷砂(丸)后生赤锈处理方法时，安装前应用细钢丝刷除去摩擦面上的浮锈，去除方向应垂直于构件受力方面，处理后表面呈现金属光泽，摩擦面抗滑移系数应符合设计要求。

b.摩擦面应平整、无油污,孔和板的边缘无飞边、毛刺。

c.高强度螺栓连接摩擦面的抗滑移系数试验和复验,其结果应符合设计要求,在技术经济合理的情况下,可在同一构件中采用不同牌号的钢材。

(四)设备与管线系统安装

(1)设备与管线需要与钢结构构件连接时,宜采用预留埋件的连接方式。当采用其他连接方法时,不得影响钢结构构件的完整性与结构的安全性。

(2)在有防腐防火保护层的钢结构上安装管道或设备支(吊)架时,宜采用非焊接方式固定;采用焊接时,应对被损坏的防腐防火保护层进行修补。

(3)管道波纹补偿器、法兰及焊接接口不应设置在钢梁或钢柱的预留孔中。

(4)给水排水工程。

①集成式厨房、卫生间应预留相应的给水、热水、排水管道接口,给水系统配水管道接口的形式和位置应便于检修。

②给水分水器与用水器具的管道应一对一连接,管道中间不得有连接配件;宜采用装配式的管线及其配件连接;给水分水器位置应便于检修。

③敷设在吊顶或楼地面架空层内的给水排水设备与管线应采取防腐蚀、隔声减噪和防结露等措施。

④排水管道宜采用同层排水技术。

⑤应选用耐腐蚀、使用寿命长、降噪性能好、便于安装及更换、连接可靠、密封性能好的管材、管件及阀门设备。

⑥在架空地板内敷设给水排水管道时,应设置管道支(托)架,并与结构可靠连接。

(5)建筑供暖、通风、空调及燃气建设工程。

①室内供暖系统采用低温地板辐射供暖时,宜采用干法施工。室内供暖系统采用散热器供暖时,安装散热器的墙板构件应采取加强措施。室内供暖管道敷设在墙板或地面架空层内时,阀门部位应设检修口。

②采用集成式卫生间或采用同层排水架空地板时,不宜采用地板辐射供暖系统。

③冷热水管道固定于梁柱等钢构件上时,应采用绝热支架。

④空调风管及冷热水管道与支(吊)架之间,应有绝热衬垫,其厚度不应小于绝热层厚度,宽度应不小于支(吊)架支承面的宽度。

⑤供暖、通风、空气调节及防排烟系统的设备及管道系统宜结合建筑方案整体设计,并预留接口位置;设备基础和构件应连接牢固,并按设备技术文件的要求预留地脚螺栓孔洞。

(6)电气和智能化工程。

①电气和智能化的设备与管线宜采用管线分离的方式。

②电气和智能化系统的竖向主干线应在公共区域的电气竖井内设置。

③当大型灯具、桥架、母线、配电设备等安装在预制构件上时,应采用预留预埋件固定。

④设置在预制部(构)件上的出线口、接线盒等的孔洞均应准确定位。隔墙两侧的电气和智能化设备不应直接连通设置。

⑤防雷引下线和共用接地装置应充分利用钢结构自身作为防雷接地装置。构件连接部位应有永久性明显标记,其预留防雷装置的端头应可靠连接。

⑥钢结构基础应作为自然接地体,当接地电阻不满足要求时,应设人工接地体。

⑦接地端子应与建筑物本身的钢结构金属物连接。

(五)内装系统安装

(1)外墙内表面及分户墙表面宜采用满足干式工法施工要求的部品,墙面宜设置空腔层,并应与室内设备管线进行集成设计。

(2)吊顶。

①当采用压型钢板组合楼板或钢筋桁架楼承板组合楼板时,应设置吊顶。当采用开口型压型钢板组合楼板或带肋混凝土楼盖时,宜利用楼板底部肋侧空间进行管线布置,并设置吊顶。厨房、卫生间的吊顶在管线集中部位应设有检修口。

②吊顶龙骨与主体结构应固定牢靠。超过 3 kg 的灯具、电扇及其他设备应设置独立吊挂结构。饰面板安装前,应完成吊顶内管道管线施工,并应经隐蔽验收合格。

③房间跨度不大于 1 800 mm 时,宜采用免吊杆的装配式吊顶。房间跨度大于 1 800 mm时,应采取吊杆或其他加固措施,宜在楼板(梁)内预留预埋所需的孔洞或埋件。

(3)装配式楼地面。

①架空地板系统的架空层内宜敷设给水排水和供暖等管道。当楼地面系统架空层内敷设管线时,应设置检修口。

②当采用地板辐射供暖系统时,应对地暖加热管进行水压试验并隐蔽验收合格后铺设面层。

常见的架空层地面管线布置和检修口如图 5-22 所示。

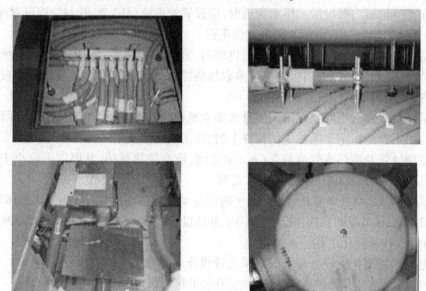

图 5-22　常见的架空层地面管线布置和检修口

(4)集成式厨房。

①给水排水、燃气管道等应集中设置、合理定位,并应设置管道检修口。

②宜采用排油烟管道同层直排的方式。采用油烟同层直排设备时,风帽应安装牢固,与外墙之间的缝隙应密封。

③橱柜安装应牢固,地脚调整应从地面水平最高点向最低点,或从转角向两侧调整。

(5)集成式卫生间。

①宜采用干湿区分离的布置方式,并应满足设备设施点位预留的要求。

②应满足同层排水的要求,给水排水、通风和电气等管线的连接均应在设计预留的空间内安装完成,并应设置检修口。

③安装前,应先进行地面基层和墙面防水处理,并做闭水试验。

(6)对钢梁、钢柱的防火板包覆施工应符合下列规定:

①支撑件应固定牢固,防火板安装应牢固稳定,封闭良好。

②防火板表面应洁净平整。

③分层包覆时,应分层固定,相互压缝。

④防火板接缝应严密、顺直,边缘整齐。

⑤采用复合防火保护时,填充的防火材料应为不燃材料,且不得有空鼓、外露。

(7)装配式隔墙部品安装应符合下列规定:

①单层条板隔墙用作分户墙时,厚度不应小于120 mm;用作户内分室隔墙时,厚度不宜小于90 mm。双层条板隔墙的条板厚度不宜小于60 mm,两板间距宜为10~50 mm,可作为空气层或填入吸声、保温等功能材料。对于双层条板隔墙,两侧墙面的竖向接缝错开距离不应小于200 mm,两板间应采取连接、加强固定措施。

②龙骨隔墙系统安装应符合下列规定:

a.龙骨骨架与主体结构连接应采用柔性连接,并应竖直、平整、位置准确,龙骨的间距应符合设计要求。

b.面板安装前,隔墙内管线、填充材料应进行隐蔽工程验收。

c.面板拼缝应错缝设置,当采用双层面板安装时,上下层板的接缝应错开。

d.顶、地龙骨及边框龙骨应与结构体连接牢固,并应垂直、平整、位置准确,龙骨与结构体的固定点间距不应大于0.5 m。

e.安装轻钢龙骨的横贯通龙骨时,隔墙高度3 m以内的不少于2道,3~5 m以内的不少于3道。支撑卡安装在竖向龙骨的开口一侧,其间距同竖龙骨间距。

第六章 BIM 技术在装配式建筑中的应用

随着装配式建筑项目的不断推进,其减少了环境污染,促进了建筑行业的健康、持续发展。但是在建造过程中发现,存在项目数据较多、难以快捷地保存查询,各参建方协同性较差、单纯文字可视化水平低、共享性差等问题。因此,将建筑信息模型(Building Information Modeling,简称 BIM)技术引入装配式建筑施工组织设计中,保证施工现场有序进行,促进装配式建筑能够更好、更快发展。

我国于 2000 年引入 BIM 技术,随后在建筑业内掀起一场全新的信息技术变革,被称为建筑行业的第二次革命。目前,BIM 技术已经成为推进建筑业信息化的重要手段,为建筑工业化建造提供技术保障。近年来,随着 BIM 技术逐步在建筑工程领域普及推广,政府陆续发布相关政策推广 BIM 技术。

2017 年 3 月 23 日,住房和城乡建设部在《"十三五"装配式建筑行动方案》提出建立适合 BIM 技术应用的装配式建筑工程管理模式,推进 BIM 技术在装配式建筑规划、勘察、设计、生产、施工、装修、运维全过程的集成应用,实现工程建设项目全生命周期数据共享与信息化管理。因此,BIM 技术与装配式混凝土建筑的结合属于强强联合,是实现项目全生命周期全方位的信息化集成。

2017 年 12 月 15 日,住房和城乡建设部在"推进装配式建筑平稳健康发展"新闻发布会上指出,将按照"一体两翼,两大支撑"的工作思路,即以成熟、可靠、适用的装配式建筑技术标准体系为"一体",发展 EPC〔Engineering(设计)、Procurement(采购)、Construction(施工)〕工程总承包模式和 BIM 信息化技术为"两翼",创新体制机制管理和促进产业发展为"支撑",进一步提升装配式建筑品质,平稳、健康推动产业发展,为住房和城乡建设领域绿色发展提供重要支撑。由此可见,BIM 技术与装配式建筑的结合有利于推进装配式建筑的平稳、健康发展,实现装配式建筑项目全生命周期数据共享和信息化管理,促进我国建筑业的转型升级,创新工程建设管理模式和技术手段。

第一节 BIM 概述

一、BIM 的概念

BIM(Building Information Modeling)建筑信息模型是以建筑项目的各项信息数字化为表达方式,建立虚拟建筑的三维模型,通过模型整合各种信息数据来模拟真实情况,在策划、设计、生产、施工、运营等项目全生命周期内形成信息共享和传递,方便业主方、设计方、构件厂家、施工方、运营方等对信息使用、更新、修正,形成各参建方协同工作的模型。

其中,BIM 概念主要包含三方面内容:

(1)BIM 是多维信息集成技术的模型,收集相关项目信息的数据,用数字化技术表达项目实体情况和功能要求。

(2)BIM 是对项目全生命周期各阶段数据、资源进行整合的模型,数据随时可以被运算、查找、组合,各参建方均可使用该数据、资源。

(3)BIM 是共享资源的平台,可以解决分散性、不同种类数据的统一性问题,能够使项目信息动态创建、管理和共享,为决策者的工作提供依据。

二、BIM 技术的特点

1.可视性

传统 CAD 图纸只是采用线条绘制构件,真实建筑造型不能对项目人员进行直观展示,这就难免项目人员自行想象,可能与其客观表达有所出入而影响正常施工。BIM 技术的可视化特性将二维线条图形转化为三维空间实物,BIM 可视性是一种能够同构件间形成互动性和反馈性的可视。项目全生命周期都能够可视化,各阶段都可以在可视化状态下进行探讨、决策。

2.协调性

不同专业之间需要协同工作,但由于项目间信息的"不衔接",只能在真正出现施工问题,才会组织会议,探讨解决问题的方法。BIM 技术的协调性可以解决因结构构件标高、装修吊顶标高影响机电、暖通管道空间布置的问题,在施工前对结构、装修、机电、给排水专业进行空间碰撞,生成检测结果,对存在的碰撞点进行改正。使用有效 BIM 协调流程进行碰撞检查,减少了不合理的方案。

3.模拟性

BIM 模拟性是指通过三维模型模拟项目各建造阶段情况和真实操作。在设计阶段,模拟建筑物的节能、日照等情况;在施工阶段,依据图纸和文件,借助计算机,模拟现场场地,进行空间优化,科学指导施工;在使用阶段,模拟消防人员疏散等紧急问题。

4.优化性

项目建造是一个不断优化的过程,大型复杂建筑物超越参建人员空间想象能力,可以借助 BIM 信息模型对其进行优化。在总体建筑占较大比例的特殊部位、复杂部位进行设计优化;建筑裙楼、幕墙外装修、空间异型构造等部位的成本和工程量较大,对其设计方案优化,可以降低施工难度、减少施工问题。

5.可出图性

BIM 的可出图性可以满足各参建方不同的需要,有针对性地出图,可出的图有:

(1)设计图纸;

(2)构件加工图纸;

(3)碰撞检查报告改进后的综合管道图;

(4)综合结构留洞图;

(5)施工图纸等。

三、BIM 技术的价值

BIM 技术改变传统项目管理方式,使项目管理的信息集成化大大提高。BIM 技术可以解决设计、构件生产、施工阶段相互之间因信息不流通而造成的人力、物力、财力的浪费,合理分配劳动力、保障工程质量,减低工程成本。

(1)BIM 信息技术实现项目全生命周期协同工作。BIM 信息化为建设方、设计方、构件厂家、施工方、业主、运营维护者提供交流的平台,同在一个平台,任何一方修改或者更新信息,其他参加方均可及时查询。为各方信息共享提供便利,可以实现各环节的产业、工程全生命周期的管理。除此之外,BIM 技术集成了整个建筑工程项目中各有关参与方数据信息,构建一个数据平台。平台可以完整准确地提供整个建筑工程项目信息。

项目各方共享的 BIM 数据信息平台示意图如图 6-1 所示。

图 6-1　项目各方共享的 BIM 数据信息平台示意图

(2)BIM 技术可以使项目数据准确化、透明化、共享化,对项目数据进行动态监管,查询项目各方面的资金情况,有效控制成本风险,实现项目盈利目标。

(3)BIM 技术提高项目沟通效率。业主单位与设计单位进行沟通时,设计单位以三维模型进行展示,相对专业知识不强的业主单位,既可以看到项目整体效果,又可以看到项目细部构造,直观发现是否符合要求。

四、BIM 软件介绍

(一)Revit

Revit 是我国应用最多的 BIM 软件之一,能完成设计、施工阶段的图纸绘制和明细表生成。Revit 信息化主要体现在以构件信息为单位,任意改变构件参数,就会在三维视图、平面图、立面图、明细表等中同时改变参数。Revit 有三个分支产品,分别是 Architecture、Structure 和 MEP,也就是建筑、结构和电暖通。

（二）Navisworks

Navisworks 通过模型合并、3D 漫游、碰撞检查和 4D 模拟为工程行业的设计数据提供了完整的设计审核方案,延伸了设计数据的用途。Navisworks 是 3D 模型漫游和设计审核市场的领导者,目前在施工、总包、设计领域被广泛接受。Navisworks 可以帮助所有相关方将项目作为一个整体来看待,从而优化从设计决策、建筑实施、性能预测和规划直至设施管理和运营等各个环节。

（三）广联达 BIM 5D

在三维模型基础上,增加时间、成本两个参数,形成 5D 模型。广联达 BIM 5D 集成土建、机电、钢构、幕墙等各专业模型,并以集成模型为载体,关联施工过程中的进度、合同、成本、质量、安全、图纸、物料等信息,利用 BIM 模型的形象直观、可计算分析的特性,为项目的进度、成本管控、物料管理等提供数据支撑,协助管理人员有效决策和精细管理,从而达到减少施工变更、缩短工期、控制成本、提升质量的目的。广联达 BIM 5D 使设计模型直接用于施工阶段,避免重复建模;与广联达 BIM 算量产品无缝对接,使招标投标模型直接用于施工阶段,避免重复建模。

第二节　BIM 技术在装配式建筑中的应用

装配式建筑的发展为行业带来了全新的变化与发展,其中不仅大幅度提高了建筑业的施工效率,也促进了建筑行业配件生产一体化的建设。在这样的情况下,BIM 技术与装配式建筑相结合,为装配式建筑的发展提供了强有力的支持。

（1）精密的工业化制造。装配式建筑是采用工厂化生产的构件、配件、部品,采用机械化、信息化装配式技术组装的建筑整体,其工厂化生产构配件精度能达到毫米级,现场组装精度要求也较高,从而满足各种产品组件的安装精度要求。总体来说,建筑工业化要求全面"精密建造",要全面实现精细化设计、产品化加工和精密化装配。而 BIM 应用的优势,从"可视化"和"3D"模拟的层面,在于"所见即所得",这和建筑工业化的"精密建造"特点高度契合。而在传统建筑生产方式下,由于其粗放型管理模式和"齐不齐、一把泥"的误差、工艺,无法实现精细化设计、精密化施工。

（2）集成的建筑系统信息平台。新型装配式建筑是设计、生产、施工、装修和管理"五位一体"的系统化和集成化建筑,不是"传统生产方式+装配化"建筑。新型建筑工业化应具备五大特点:标准化设计、工厂化生产、装配化施工、一体化装修和信息化管理,按传统设计、施工和管理模式进行装配化施工难以体现工业化的本质和优势。装配式建筑核心是"集成",BIM 则是"集成"的主线,串联设计、生产、施工、装修和管理全过程,服务于设计、建设、运维、拆除全生命周期,可数字化仿真模拟,信息化描述系统要素,实现信息化协同设计、可视化装配,工程量信息交互和节点连接模拟及检验等全新运用,整合建筑全产业链,实现全过程、全方位信息化集成。

（3）全专业高效合作与协同。BIM 技术可以提供一个信息共享平台，各专业设计工程师在平台共同建模、共同修改、共享信息、协同设计。任何一个专业出现设计误差或者进行设计修改，其他专业均可以及时获取信息，并进行处理。同时，不同专业设计师可以在同一平台上分工合作，按照一定的标准和原则进行设计，可大大提高设计的精度和效率。

BIM 技术在装配式建筑的设计阶段、生产阶段、运输阶段、施工阶段等各阶段均能应用。

一、BIM 技术在设计阶段的应用

设计方案的好坏是决定一个建筑项目优劣的关键。BIM 技术的应用给工业化建筑设计方法带来变革式影响。在传统设计方式中，各专业设计人员"各自为政"，按自己的设计风格和习惯，同一个构件或者项目，不同设计人员会有不同的设计方法。在 BIM 方案开始实施之前，首先制定一套标准化设计流程，采用统一规范设计方式，各专业设计人员均需遵从统一设计规则，可大大加快设计团队的配合效率，减少设计错误，提高设计效率。

在装配式建筑设计中，预制构件的设计是关键。目前，预制构件的拆分，是按一般模式由设计方独立完成设计方案和施工图，再由工业化设计人员进行预制方案设计和构件拆分。这种方式下，可能会导致构件种类难以最大程度归一化、标准化，工厂模具台套数势必增加，不符合装配式建筑少规格、多组合的原则。但在应用 BIM 技术设计过程中，首先确定采用的工业化结构体系，并按照统一模数进行构件拆分，精简构件类型，提高装配水平，并在标准化设计基础上通过组合实现装配式建筑系列化和多样化。

（一）模块化构件库

装配式建筑的典型特征是标准化的预制构件或部品在工厂生产，然后运输到施工现场装配、组装成整体。预制构件或部品一般是根据设计单位提供的预制构件加工图进行生产，这类加工图还是传统的平、立、剖，加大样详图的二维图纸，信息化程度低。

在装配式建筑 BIM 技术应用中，通过"族"的概念，模拟工厂加工的方式，对构件进行划分，以预制构件模型的方式来进行系统集成和表达，这就需要建立装配式建筑的 BIM 构件库。通过装配式建筑 BIM 构件库的建立，可以不断增加 BIM 虚拟构件的数量、种类和规格，逐步构建标准化预制构件库。

标准化构件库构件类型如图 6-2 所示、标准化构件库如图 6-3 所示。

（二）BIM 建模与设计

基于 BIM 的建模与设计包括建模、模型整合、碰撞检查、构件拆分与优化设计、模型出图。

（1）建模。利用软件的建模功能，建立项目 BIM 模型，构件、现浇模型细化到钢筋等深度，机电模型细化到插座等末端深度。

（2）模型整合。在各 BIM 子模型基础上，整合建筑和机电模型形成单层的整合模型及整栋楼的模型。

（3）碰撞检查。在 BIM 整合模型的基础上,进行预制构件内部、预制构件与机电、预制构件之间的碰撞检查,根据碰撞检查报告及校对、审核的修改批注,进行修改调整,逐步优化设计,在设计阶段解决碰撞问题,并将优化后的模型数据上传到协同设计平台。

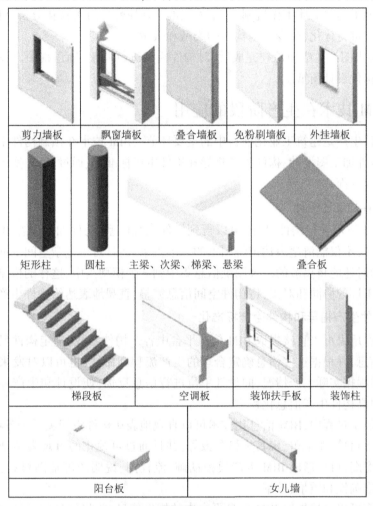

剪力墙板	飘窗墙板	叠合墙板	免粉刷墙板	外挂墙板
矩形柱	圆柱	主梁、次梁、梯梁、悬梁		叠合板
梯段板	空调板	装饰扶手板		装饰柱
阳台板		女儿墙		

图 6-2　标准化构件库构件类型

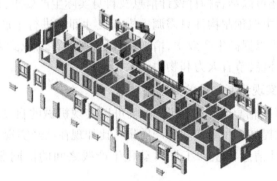

图 6-3　标准化构件库

（4）构件拆分及优化设计。传统方式下，构件拆分大多是在施工图完成以后，再由构件厂进行。实际上，正确的做法是在前期策划阶段就专业介入，确定好装配式建筑的技术路线和产业化目标，在方案设计阶段根据既定目标依据构件拆分原则进行方案创作。BIM 技术有助于建立上述工作机制，单个外墙的几何属性经过可视化分析，可以对预制外墙的类型数量进行优化，减少预制构件的类型和数量。

（5）模型出图。在碰撞检查完成后，对构件模型进行调整，创建视图、材料明细表，最终生成构件深化设计图纸。

二、BIM 技术在生产阶段的应用

预制构件生产是建筑工业化项目中的重要环节。BIM 技术在预制构件生产中的应用主要包括：构件加工图设计、构件生产指导和构件生产标准化、通过 CAM 实现预制构件的数字化制造等方面。

（一）构件加工图设计

采用 BIM 技术进行构件设计，可以得到构件三维模型，构件加工图在 BIM 模型上直接完成和生产，不仅能清楚表达传统图纸的二维关系，而且对于复杂空间剖面关系也可以清楚表达，同时还能将离散的二维图纸信息集中到一个模型当中，这样的模型能够紧密地实现与预制工厂的协同和对接，将构件空间信息完整、直观地表达给构件生产厂家。

（二）构件生产指导和构件生产标准化

构件生产厂家可以直接提取 BIM 信息平台中各个构件参数，确定构件尺寸、材质、做法、数量等信息，并根据这些信息确定合理的生产流程和做法，也可以对发来的构件信息进行复核，并根据实际生产情况，向设计单位进行信息反馈，使设计和生产环节实现信息双向流动，提高构件生产信息化程度。

在生产加工过程中，BIM 信息化技术可以直观地表达构件空间关系和各项参数，能自动生成构件下料单、派工单、模具规格参数等，并且通过可视化的直观表达帮助工人更好地理解设计意图，可以形成 BIM 生产模拟动画、流程图、说明图等辅助材料，有助于提高工人生产的准确性和质量、效率。

生产厂家可以直接提取 BIM 信息平台中的构件信息，并将信息传导到生产线进行生产。同时，生产厂家还可以结合构件设计信息及自身实际生产要求，建立标准化预制构件库，在生产过程中，对类似预制构件只需调整模具尺寸即可进行生产。通过标准化、流水线式构件生产作业，可以提高生产效率，增加构件标准化程度，减少人工操作带来的操作失误，改善工人工作环境，节省人力和物力。

（三）通过 CAM 实现预制构件的数字化制造

将 BIM 模型构件的信息数据输入设备，就可以实现机械的自动化生产，这种数字化建造的方式可以大大提高工作效率和生产质量。比如现在已经实现了钢筋网片的商品化生产，如果能打通设计信息模型和工厂自动化生产线之间的协同瓶颈，实现 CAM 指日可待。

装配式建筑与现浇建筑相比，预制加工阶段在工厂内实现，此阶段也是 RFID 标签置入的阶段。将 RFID 和 BIM 配合应用,使用 RFID 进行施工进度的信息采集工作,即时将信息传递给 BIM 模型,进而在 BIM 模型中表现实际与计划的偏差,从而实现预制加工管理的实时跟踪。

三、BIM 技术在运输阶段的应用

可采用 RFID 技术对构件的出厂、运输、进场和安装进行追踪监控,并以无线网络即时传递信息,信息以设置好的方式在云平台上的 BIM 模型中进行响应,以此对构件施工实施质量、进度追踪管理。互联网与 BIM 相结合的优点在于信息准确丰富,传递速度快,减少人工录入信息可能造成的错误。

基于互联网的预制装配式建筑施工管理平台通过 RFID 技术、GIS 技术实现预制构件出厂、运输、进场和安装的信息采集和跟踪,并通过互联网与云平台上的 BIM 模型进行实时信息传递,项目参与各方可以通过基于互联网的施工管理平台直观地掌握预制构件的物流和安装进度信息。基于互联网的预制装配式建筑施工管理平台的搭建包括 4 个管理流程,依次对预制构件出厂、运输、进场、吊装所有环节进行跟踪管理。

(一)出厂管理

出厂环节,通过条码扫描对车辆进行识别,由出厂管理员完成车辆信息的录入,包括车牌号、司机等信息。确认车辆信息后,对准备出厂的预制构件进行扫描确认,自动完成预制构件与车辆的关联及出厂登记。

(二)运输管理

GPS 定位模块实时对运输车辆位置进行跟踪,运输途中可随时对车辆位置、车辆信息及所载预制构件信息进行查询。

(三)进场管理

进入施工现场时,通过条码扫描获取车辆信息,由进场管理员核实车辆信息,验证通过后对车载的预制构件进行扫描,自动完成进场登记。进场扫描结束,系统会自动对车载构件进行清点,如有未入场或缺失预制构件,系统会给出提示,继续进行进场扫描,直到车载的构件全部进场登记完毕。

(四)吊装管理

在预制件吊装过程中,通过软件扫描获取构件信息,包括预制构件安装位置及要求等属性。吊装完成后,由吊装管理员进行质量检查,并将结果上传服务器永久保存。

综上所述,系统可完成预制构件从出厂、运输、进场、吊装全过程的质量跟踪,预制构件的属性存放于远程服务器中,基于移动互联网,在对应的权限下,可以随时对构件的质量信息进行溯源查询。

四、BIM 技术在施工阶段的应用

(一)施工准备阶段的应用

1.图纸会审

三维模型是 BIM 技术进行施工指导的基础,模型建立速度和准确程度影响 BIM 技术在项目建造的应用情况。在建立 BIM 模型时,由于图纸多次更改,对施工工艺的不同理解,会经过多次内部审核和修改,完成二维建筑、水电暖图纸转化为三维建筑、水电暖模型(见图 6-4)。通过三维模型建立,施工人员可以清楚、直观了解工程项目,强化对图纸的熟悉程度。使得隐藏在二维图纸中不易发现及不同专业图纸交叉重叠问题得以发现,在施工前提前解决图纸中的问题。

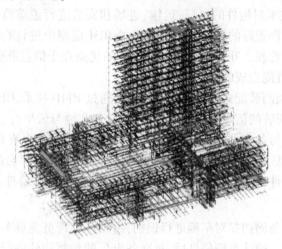

图 6-4 三维 BIM 水电暖模型

2.施工平面布置

BIM 模型对施工实景进行模拟,建立三维场布模型,对施工区、样板区进行优化,对材料堆场、施工道路、吊机停靠点进行布置,空间规划合理化。

BIM 模型对施工实景的模拟示意图如图 6-5 所示。

图 6-5 BIM 模型对施工实景的模拟示意图

3.选择吊装方案

1)塔吊选型

装配式建筑的建造中,预制构件吊装进度直接影响项目进度。垂直运输能力显得尤为重要,塔吊是主要的垂直运输设备,应该从预制构件吊装需求量、最大质量、最远距离、塔吊安全性能等方面进行塔吊的设备选型。传统塔吊布置靠平、立、剖的二维 CAD 图纸来展示。运用 BIM 技术建立三维建筑模型和引入塔吊族,将不同类型塔吊空间关系及成本等信息进行对比,选出最优塔吊型号,使塔吊布置更加合理化。

2) 吊装方案模拟

运用 BIM 模型模拟每个关键吊装环节,形象表达吊装流程,合理调整工序,找到更科学的吊装方案,防止出现起吊时重心不稳、吊装路线不合理出现构件碰撞、构件就位不准确等问题。同时,使施工人员熟悉吊装流程,对加快施工进度和提高施工质量具有重要意义。

(二)施工过程的应用

1.施工过程仿真模拟

在制订施工组织方案时,施工单位技术人员将项目计划的施工进度、人员安排等信息输入 BIM 信息平台,软件可以根据录入的这些信息进行施工模拟。同时,BIM 技术也可以实现不同施工组织方案仿真模拟,施工单位可以依据模拟结果选取最优施工组织方案。

2.施工模拟碰撞检查

通过碰撞检查分析,可以对传统二维模式下不易察觉的错、漏、碰、缺进行收集、更正。如预制构件内部各组成部分的碰撞检查,地暖管与电器管线潜在的交错、碰撞问题。

3.施工进度管理

传统施工进度的平面网络计划的管理方式可视性水平低,不能准确表述项目进度的随时变化情况。将 BIM 模型进度与施工进度结合,即将项目建造实际进度信息上传于 BIM 模型中,使 BIM 三维模型和时间维度整合形成 4D 模型。这种建模技术可以动态展示项目的空间施工过程,可以了解施工中的关键工序和关键时间,辅助施工进度管理。将计划进度模型与实际进度模型进行对比,形成 BIM 进度成果报告,并进行偏差分析,找出进度滞后原因,采用纠正措施,实现进度目标。

4.施工质量管理

质量信息是施工质量控制中的关键因素。现阶段,项目现场质量信息获取仍较多依靠人员先记在头脑中或者记在纸质笔记本中,从现场回到项目部后,再记录到电脑或保存纸质笔记本。BIM 技术通过数据库提取信息,施工人员不用再翻阅和携带大量的图纸到现场,利用手机移动终端,查看模型文件、构件属性等详细信息进行质量检查与核对,对现场进行可视化交底和检查。从空间、时间、专业等维度,对收集到的分散的质量信息进行对比总结,分析质量问题产生原因,生成电子版质量整改单进行资料存档。根据质量问题的不同专业分类,通知消息发给对应专业的人员,施工人员根据信息,按照质量信息有针对性地整改,对于验收通过整改问题进行保存。

BIM 信息模型是施工质量信息的有效载体,既可以呈现项目整体质量信息,也可以呈现某些部分位置质量信息。在质量控制中,通过获取、梳理、归纳、分析信息,对存在的质量问题进行整改,将整改情况及时与模型对接,整改结果上传保存至模型中,项目竣工时确保模型和质量信息的同步性,是个动态、全过程、循环的质量信息管理过程,可防止信息丢失,保证质量信息的全面性、精确性和实时性。

5.施工成本管理

传统项目施工中,材料购买没有依据,若遇到赶工期,材料用量不能控制。BIM 模型集成图纸、施工材料及成本等相关信息,能够分类显示建筑构件和系统,选择特定数量的构件,会自动显示相关造价信息。同时,项目人员可以动态核实成本信息,使材料按照规定用量进行使用、采购。

BIM 模型关联工程造价信息,有较强的分析、梳理能力,按照现场具体施工情况,可以生成对应工程量,能快速得到项目成本。BIM 信息模型的成本计算是个准确过程,可以直接计算总工程量,避免多次计算引起误差,准确性得到较大提升。BIM 信息模型的成本计算是个精细过程,可以从时间、建筑部件等多方面计算成本,能够容易查出哪些分项还没有成本数据。借助数据库,能够使项目与企业进行有效信息对接,使成本信息共享,对成本信息进行动态监管,有利于项目成本的控制。

6.施工安全管理

BIM 技术应用于装配式混凝土建筑的预制构件生产、运输、验收和吊装,复杂节点施工仿真模拟;对装配式混凝土建筑施工各环节安全隐患进行分析,制定 BIM 技术解决这些安全隐患的措施;通过 BIM 平台内的危险源收集和可视化框架,使施工人员可随时查看整个项目危险源的数据,以识别危险区域和危险发生的概率;将物联网与 BIM 技术集成,设计物联网(IOT)支持平台,结合 RFID 技术,实时采集装配式混凝土建筑的施工数据并上传到云端,管理人员可实时监控施工进度和安全信息,提高装配式混凝土建筑施工现场安全监督的效率。

综上所述,将 BIM 技术应用于装配式混凝土建筑的施工安全管理,将装配式混凝土建筑、BIM 技术与施工安全管理结合,全面识别装配式混凝土建筑的施工安全影响因素,对其相互作用机制进行深入剖析,制订基于 BIM 的装配式混凝土建筑施工安全管理方案,从管理层面促进 BIM 技术在装配式混凝土建筑中的应用落地,保证装配式混凝土建筑的施工安全,减少安全事故的发生。

参考文献

［1］陈鹏,叶财华,姜荣斌.装配式混凝土建筑视图与构造［M］.北京:机械工业出版社,2021.
［2］高中,许德民.装配式混凝土建筑口袋书——构件制作［M］.北京:机械工业出版社,2019.
［3］杜常岭.装配式混凝土建筑口袋书——构件安装［M］.北京:机械工业出版社,2019.
［4］宫海,魏建军.装配式混凝土建筑施工技术［M］.北京:中国建筑工业出版社,2020.
［5］装配式混凝土结构技术规程:JGJ 1—2014［S］.
［6］装配式混凝土建筑技术标准:GB/T 51231—2016［S］.
［7］预制预应力混凝土装配整体式框架结构技术规程:JGJ 224—2010［S］.
［8］钢筋桁架混凝土叠合板应用技术规程:T/CECS 715—2020［S］.
［9］装配式建筑评价标准:GB/T 51129—2017［S］.
［10］装配式钢结构建筑技术标准:GB/T 51232—2016［S］.
［11］樊则森,李张苗,鲁晓通.BIM技术在装配式建筑中的应用和实施方案［C］//中国建筑2016年技术交流会.2016:177-186.

参考文献